Lucia Dettori

O Delta
A Lei das Dimensões

Entre Ciência e Espiritualidade para criar
Harmonia Conhecimento
Equilíbrio Beleza e Amor

Lucia Dettori

O Delta A Lei das Dimensões
Copyright©2009 Lucia Dettori

ISBN-13: 978-1533113023

ISBN-10: 1533113025

Autora: Lucia Dettori

Tradução: Enèas L. Da Silva Jr.
Revisão: Sidney Guimarães

O Delta   A Lei das Dimensões

Lucia Dettori

PREMISSA

Tudo é possível se vós aprendestes a viver da luz e na luz.

Tudo é luz, vós sois seres de luz e a vossa vida é maravilhosa.

A luz está envolta e dentro de vós.

O caminho para encontrá-la é muito simples, precisa somente querer percorrê-lo. Comecem a dar os primeiros passos sem pensar a qual seja a estrada melhor, porque todas as estradas confluem numa só e a direção é sempre a mesma. As maneiras para estar luz na luz são infinitas e estão na vossa frente, progridam porque chegou o momento.

A mudança é beleza e está acontecendo sob a vossa vista, observem com atenção, sem nenhum medo. Esta abre as portas da luz, atravessem-na e a felicidade será imensa. Tudo será harmonia pura e infinita, emoção e vida.

Cada um de vós sois um ser único, diferente de todos e completo de potencialidades. Se recordardes isso, o caminho já será iniciado.

O caminho é o início da Luz ...

Lucia Dettori

INTRODUÇÃO

Todos vocês que se depararam perante estas páginas, são pessoas que – seja a um nível consciente ou não – estão se interrogando sobre o significado da própria vida. Alguns porque sofrem fisicamente ou no espírito, outros porque estão perto de pessoas que estão sofrendo, outros simplesmente porque sentem um grande desejo de conhecer algo a mais, que vai além do que já conheceu até agora.

Eu também me interroguei sobre isso, e com muita insistência, nos últimos dez anos. Foram anos de pesquisa, estudo e aprendizagem em diferentes níveis. Encontrei as respostas que eu estava procurando e encontrei um método para que todos possam, se desejarem, obter as suas próprias respostas.

Uma das coisas que se aprende quando se chega a um certo ponto do conhecimento, é que "aquele que encontra deve comunicar" a tantas pessoas quanto possível, transmitir a informação. Essa é a razão que me leva a escrever estas páginas para compartilhar com todos o que eu encontrei e apontar o caminho viável através deste instrumento. Existe respostas a todas suas perguntas e há excelentes maneiras para mudar a própria vida, dando o senso que ela teve sempre, mas que por muito tempo foi desconhecido. As muitas facetas da realidade, e as diferentes linhas Quânticas que decidem utilizar, levaram os seres humanos a viver no mesmo mundo em um modo completamente diferente. Outras pessoas, embora fazendo pesquisas deste tipo obtêm respostas diferentes, dependendo do seu objetivo, e suas necessidades.

Cada modo, cada caminho, cada técnica descoberta e divulgada nestes últimos anos é igualmente válida, na realidade, cada uma delas se adapta a pessoas diferentes.

As pessoas, exatamente por causa das muitas possibilidades Quânticas contidas na realidade, mesmo unidos pela busca de uma evolução pessoal, sentem a necessidade de escolher diferentes modos, dependendo dos seus desejos, suas expectativas de vida da sua velocidade de mudar o nível de consciência. Aceitamos o movimento e multiplicidade de ideias, teorias e soluções, porque tudo está convergindo para um único ponto focal, que todos vêm, cada um no seu próprio ritmo e de acordo com suas peculiaridades.

Nestas páginas, vamos apresentar um método diferente, porque é destinado a pessoas diferentes. Existe uma maneira infalível de saber se este é o "Método" que você está procurando: depois de ter lido esta introdução, leia algumas linhas, abrindo o livro a acaso. Se o seu coração sentir uma empatia imediata, compre o livro, ou se não coloque–o de volta em seu lugar, será para outro alguém.

Então, bem vindos à energia de mudança, bem vindos à luz.

Lucia Dettori

Capitulo I

O CAMINHO

Pode ser útil, para uma melhor compreensão de todos os tópicos abordados a seguir, explicar neste primeiro capítulo quais foram as etapas que levaram a um conhecimento tão diferente, mas tão antigo. Um conhecimento completamente novo, mas permeado com estilos infinitos e arquétipos antigos como a própria existência humana. Conhecimento que surge do tudo o que foi, erguido na sua total singularidade numa base, sem a qual, por si só não poderia ter existido, nem poderia ter sido concebido desta forma.

O novo, mesmo quando novo e em modo absoluto, aparece sempre e em qualquer caso, a partir do antigo, e em particular quando com o novo quer se afastar, tanto quanto possível deste desconhecido.

Por conseguinte, é melhor evitar, separar do antigo, porque ele está tão enraizado na memória humana, que inevitavelmente retornará, para enfatizar a consequência do todo. Opor-se ao que já foi significa opor-se a uma parte de si. Mas partir do que já foi para elaborar o novo, é evolução. Tal desenvolvimento é possível graças a todos aqueles que contribuíram para isso, e aqueles que vieram depois sempre tiveram uma vantagem sobre aqueles que vieram antes. Mesmo quando você achar que, por vezes, o conhecimento daqueles que vieram antes era superior aos outros, o que disse, permanece sempre válido. De fato, mesmo para aqueles que nunca tiveram acesso ao conhecimento consciente, a consciência existe. Adormecida, distante, mas mesmo assim de fácil acesso. Ela existe em si, como foi proferida por aqueles que vieram antes.

1.

A Outra Realidade.

Eu nunca soube dizer exatamente quando começou meu caminho de pesquisa, mas cada vez que eu penso sobre isso, eu percebo que qualquer coisa que eu tenha feito na minha vida me levou a esta pesquisa.

Quando criança, eu tinha a certeza absoluta de que o que eu vivia diariamente não era a verdadeira vida, como a chamava naquele tempo. Eu muitas vezes vivia naquela outra realidade, uma realidade tão convincente quanto a ser mais real do que a própria vida. Não sei mais explicar muito bem, mas então para mim era muito claro; hoje usando palavras de um adulto digo que foi como se percebesse um mundo paralelo. Eu vivia naquele mundo, e até mesmo no presente, e compreendia as diferenças. Eu não sei se foi o mundo imaginário típico de crianças, e para ser sincera, até hoje, não sei quanto imaginário ou real exista no mundo das crianças, elas não têm este problema, apenas vivem e basta. É certo que aquele mundo não se acabou com o fato de eu me tornar um adulto, continua.

Na adolescência, tive um brusco "despertar". Minhas amigas me acusaram de ser muito diferente, e então eu me adaptei. Criei para mim dois mundos separados e distintos: um de fora, feito de vida cotidiana, de interesses de uma jovem garota, cantores famosos, os times do coração... E outro interno, composto de leituras, lugares, emoções, sentimentos, vida, paisagens e tempo desconhecido, mas estranhamente agradável para mim.

Desde então meus livros favoritos sempre foram os romances de história, sou fascinada em conhecer a vida cotidiana das pessoas durante o período de séculos e civilizações. Um gênero literário que descobri acidentalmente (agora eu sei que não há aleatoriedade), quando tinha 12 anos de idade, depois de ler tudo o que tinha em casa adequado a crianças me deparei com a romance Guerra e Paz, de Tolstoi.

Foi um amor fulminante para mim, que o livro abriu meus olhos para o que eu estava procurando: a história sob outro ponto de vista, de uma perspectiva diferente.

Aprendi que, assim como eu imaginava, tudo de fato pode ter perspectivas diferentes, e eu nunca esqueci essa lição. Eu nunca parei de ver tudo a partir de perspectivas diferentes. Aquela obra era o que eu procurava, foi para mim a consagração "Científica" que me permitiu continuar a cultivar a objetividade diferente que eu já tinha imaginado.

Desde então, eu não parei de ler esse tipo de literatura. Em particular, as biografias de grandes personagens históricos me ajudaram a entender sozinha o outro lado da realidade. Uma realidade diferente do que é contada nos livros de história, e através da qual eu aprendi a magia de sua grandiosidade, mas também a sede de vida e, muitas vezes, de destruição que os movia. Invariavelmente me deparava que na vida real se repetia constantemente: a verdade nunca é uma só. Era suficiente ler bem entre linhas para descobrir, por exemplo, que Magno, a pessoa que o ocidente celebrou como o Grande conquistador, alimentando o mito clássico de paixão humana, o que leva a usar toda uma vida para perseguir um sonho, foi e é para o povo da Ásia Central, Iscandro o Terrível, aquele que trouxe apenas morte, destruição e molhou de sangue uma terra de conhecimentos e memórias antigas. Duas verdades, um só homem.

Eu continuava em busca da realidade, mantendo separadas as minhas duas "vidas"; estudava matérias clássicas na minha vida diária, e encontrava tempo para a outra vida, na qual as leituras foram gradualmente transformadas em verdadeiros estudos paralelos particularmente e focalizados em algumas áreas principais: O antigo Egito, as antigas religiões Europeias, tudo sobre uma outra verdade sobre a vida de Jesus, e as antigas religiões da Ásia central.

Hoje digo que o que parecia ser estranho, pareceu-me, no momento, um único grande caminho.

Na minha pequena cidade no interno da Sardenha meus anos de colégio passaram tranquilamente, entre leitura e estudos. Não houve distúrbios particulares naqueles anos, nem nos anos posteriores, quando eu mudei para Florença para completar meus estudos. Minhas duas vidas continuaram a fluir paralelamente e muito brilhante, e eu me sentia ao centro do mundo e aprendia muito, especialmente com as pessoas que encontrei. Depois de graduada, decidi voltar para a Sardenha para trabalhar como arquiteta freelance. Eu senti que apesar do meu amor por países distantes, era na minha terra que eu queria fazer alguma coisa, mesmo que eu não soubesse exatamente o quê. Ter uma profissão liberal, sempre foi de fundamental importância para mim. Sou contrária por natureza a qualquer coisa que possa me dar a ideia de falta de liberdade. Esta escolha profissional me dava muito em termos de criatividade e contemporaneamente me deixava tempo para experimentar outra realidade feita de livros, viagens, pesquisas continua... Eu conseguia driblar muito bem entre as duas realidades, e, de fato, cheguei até o ponto de formular, em forma embrional, a minha teoria. Começando a assumir que tudo o que experimentamos na vida cotidiana é criação de nossa mente, (e eu que já conhecia a outra realidade, podia afirmar isso), eu tinha chegado, por dedução, a dizer que mesmo a doença não existe realmente, mas é também uma criação da mente dada por convicções. Eu tinha certeza de que, se pudéssemos mudar essas convicções, poderíamos viver em um mundo sem doenças.

Tinha e tem uma razão específica, para a qual a minha atenção se concentrava sobre a doença e os possíveis métodos para tirá-la das nossas vidas diárias, a razão é que, desde o dia em que eu nasci minha mãe estava sempre em perigo de vida devido a uma série de doenças.

Isso me levou a viver minha vida como uma corrida constante contra o tempo. Agora, graças ao conhecimento que obtive fiz desta minha velocidade uma virtude, e isso, de alguma forma determinou a direção na qual mais tarde evoluiu a minha pesquisa. Nas próximas páginas, ver-se-á como transformar qualquer coisa, mesmo um conflito, em algo útil para si e para os outros.

Então esta era a minha teoria, mas já que foi formulada na outra realidade, eu a deixava bem longe da minha vida cotidiana e acima de tudo eu pensava bem antes de falar sobre isso com quem quer que fosse.

Apesar de tudo isso, eu era muito cuidadosa em perceber os sinais externos. Um dia aconteceu de eu ler um folheto, e me deparei sobre uma sentença a qual afirmava que havia estudos científicos que confirmavam uma estreita interdependência entre a doença física e o cérebro. Parecia que esses estudos chegaram à conclusão de que qualquer tipo de doença está determinado por mecanismos do cérebro que, entre as várias respostas a influências externas, também proporcionam precisamente os da doença. Minha reação imediata foi de alegria. Compreendi que não era louca, e depois ri ao pensar que talvez eu realmente o fosse, e que a única diferença era que havia também outros idiotas como eu ... Decidi me aprofundar sobre esta teoria estranha que estudava o comportamento do cérebro humano relacionando-o com o todo que está em volta, não somente como ambiente atual, mas também como um legado do passado.

Naqueles anos, eu aprendi muito.

Confirmei a importância de ver a realidade a partir de uma perspectiva diferente e aprendi a conhecer as memórias chamadas biológicas que levam os seres humanos a viver uma vida que não é inteiramente sua. Memórias que são transmitidas de geração em geração e que levam as pessoas a agir de acordo com os padrões pré-constituídos para os quais não há respostas, também pré-estabelecidas e, portanto, automáticas, nas quais não existe qualquer tipo de consciência. Entendi que a doença, os comportamentos e os eventos, que são considerados como coincidências, nada mais são do que uma grande entrelace de ritmos e ciclos dentro dos quais a raça humana sempre agiu. Eu agia com facilidade entre todas as relações de causa e efeito, e me alegrava quando observava os sintomas evidentes, encontrar a causa desencadeante.

Tudo era tão simples, quase mecânico, e o cérebro humano me parecia como nesse dia, antes disso ela é uma engrenagem do qual eu tinha aprendido a conhecer cada sua parte, e sempre fui capaz de prever a reação a um determinado estímulo. Eu vim, a saber, tudo sobre os meus medos que eram a causa dos mecanismos de resposta do meu cérebro e, portanto a causa de meu comportamento, e, por fim, aprendi a ter o domínio da minha vida.

Ao final desses estudos, eu me senti como uma nova pessoa, capaz de abordar a próxima seção do caminho. Eu tinha aprendido a "Ler" as pessoas com a simples observação do que aparecia do lado de fora da sua vida: a forma do corpo, movimentos, hábitos, voz, maneira de falar, o carro, a casa ou o programa favorito, afinal, eu aprendi a ler o que em termos técnicos é definido "Manifesto" das pessoas, e para dominar as várias técnicas que ajudam na solução de mecanismos desencadeados pelos temores.

Aprendi, contudo, também outra coisa, e isto é, que o mecanismo de base, desencadeado pelo cérebro é que leva ao desconforto, em qualquer nível que ele ocorra, pode ser modificado, mas não pode ser removido pelo ser humano de forma permanente. Assim, é possível aprender a identificar o motivo de certa doença e resolvê-lo o mais rápido possível, mas não podemos pensar em alterar o mecanismo que desencadeia aquele determinado motivo, uma vez que este mecanismo é estrutural, que é parte da estrutura do cérebro humano.

Eu estava feliz com o grande conhecimento adquirido, mas o fato de que não se pode mudar a estrutura, me fez ver o cérebro do ser humano como uma máquina cuja engrenagem de metal o faz cada vez mais rígido e inadequado para a evolução. Tudo isso me soava estranho, no entanto, pensando que isso fazia parte da minha outra vida que eu continuava a manter separada da minha vida diária, eu ficava indiferente a esta coisa estranha. Além do mais eu era uma arquiteta que se encantava no saber mais sobre a vida, de ver coisas diferentes, mas apenas com o objetivo de crescimento pessoal. Eu não era uma psicóloga, dizia a mim mesma, nem um psiquiatra ou um médico, ou algo que tinha a ver com isso.

Embora eu procurasse justificativas para evitar me ocupar em aprofundar esse conhecimento, eu percebi que eu tinha aprendido a pensar de uma forma diferente, mesmo na vida cotidiana e eu senti que as minhas duas realidades se aproximavam muito mais rapidamente do que eu imaginava. Hoje eu sei que havia ativado um mecanismo de energia tão forte que só a minha inconsciência do momento poderia pensar em ser capaz de manter separados deste, apenas uma mínima parte do que estava em torno a mim. No entanto, eu não estava plenamente consciente, com exceção do fato de que em todos os aspectos da minha vida eu tinha começado a fazer perguntas diretas e buscar respostas mais imediatas, superando mais e mais vezes as barreiras do pensamento racional. Desta forma, eu tinha chegado a uma certeza: Na minha vida eu aspirava a fazer evoluções. Evolução em todos os aspectos sobre mim mesma. Eu não sabia como tinha aplicado tudo isso em todas as áreas da minha vida, mas senti que eu tinha encontrado o caminho. Eu estava começando a entrar na ordem de ideias, de acordo com as quais minhas duas realidades talvez não fossem tão separadas e distintas. Enquanto eu compreendia a necessidade de unir as minhas duas realidades, aconteceu uma coisa instintiva, que até então não havia totalmente compreendido: depois de agradecer o Universo pela oportunidade que me foi dada para o estudo destas técnicas, decidi que tinha que tomar um novo caminho, bem diferente. Não entendi por que eu tinha feito isso, mas eu senti que eu precisava olhar para mais longe.

Os meus estudos em seguida, procederam em uma forma aparentemente desordenada nos quais o manual de anatomia humana, e tratados de física clássica, alternavam-se às descobertas de cientistas que de vez em vez definiam a própria disciplina como nova Medicina, a nova genética, a ciência nova... como se a sublinhar a distância da ciência clássica.

Também tratados de oração e teorias xamânicas, biologia, geologia, mitos e lendas celtas, arqueologia, astronomia ... Tudo estava se acumulando na minha mente e as notas vinham à vida a partir das páginas empilhadas na minha escrivaninha.

Não me importava da extrema diversidade com que os conceitos eram explicados, porque eu percebi que todo o conhecimento que devagar estava aprendendo, me levava na direção certa da existência de uma realidade muito mais ampla e mais precisa de quanto os seres humanos deste período histórico estejam acostumados a pensar. Finalmente eu encontrei o denominador comum que unia aqueles estudos aparentemente díspares: todas as teorias, as técnicas, ciências, meditações ... convergiam em um único ponto focal: Tudo é um único caminho.

Eu tinha certeza de que, sempre confirmados por novas descobertas, que tudo era Um. Esta certeza nunca falhou comigo, e a partir dessa certeza eu obtive o máximo de benefícios, porque me coloquei numa situação de não julgamento, e, portanto, permitiu-me tomar e aprender do tudo.

Num certo momento, no entanto, eu parei.

Após seis anos de estudo e pesquisa, eu fui forçada a parar porque cheguei a encontrar em todas as disciplinas um determinado ponto em comum, um axioma que, desde o meu ponto de vista, parecia não dar a possibilidade de novas descobertas.

Toda ciência, teoria, disciplina de qualquer tipo parecia encontrar somente uma única solução possível para o bem-estar dos seres humanos; Esta solução pode ser resumida na frase "Preste a máxima atenção". Isso significava, todavia que, uma vez identificada a causa do mal-estar dos seres humanos, que seja sob a forma de doença, de angustia, de falta de harmonia, de ansiedade, a dor de viver, a tristeza, a pobreza ou algo mais, esta causa não pode ser ignorada. A causa do mal-estar, que é definido de forma mais simples "conflito", segundo a maioria das teorias não pode desaparecer, porque o conflito, inevitavelmente se repete várias vezes na vida das pessoas. A única solução que encontram todas as disciplinas - novas ou antigas – é de "prestar atenção", isto é identificar o conflito no momento do seu aparecimento, e fazê-lo com que dure o menor tempo possível, intervindo em várias formas para melhorar imediatamente. Isso era o que eu encontrava em qualquer lugar como uma solução, que se tratasse de ciência "nova" ou que se tratasse de textos antigos.

As formas indicadas para evitar o conflito, são diferentes dependendo da disciplina que se leva em consideração, pode ser meditação, oração, ou a simples observação cuidadosa e consciente do mundo à nossa volta ou uma verdadeira luta como em algumas tradições Xamânicas ...

Mas, além das diferentes soluções indicadas para a redução do limiar do conflito, o menor denominador comum que combina essas disciplinas, permanece o fato de que o os seres humanos devem ter algo a ver com o conflito durante todo o curso de suas vidas na Terra.

Eles, apesar de terem nascido com um potencial infinito, parecem ser em qualquer forma destinados, (devido a si mesmos ou por razões determinadas da sua própria espécie ou do ambiente ao redor, das crenças, de convicções, tradições, memórias aprendidas ou memórias herdadas), a estar sempre alerta ativando-se continuamente, a fim de oferecer a mínima resistência e deixar-se transportar docemente pela corrente da vida. Ao fazer as considerações necessárias, um senso forte de tristeza me invadiu ao pensar em tal condição humana, mas sabia que não podia fazer nada para mudar tudo isso. Todavia, eu tinha conhecimento suficiente para entender que não é possível interferir de alguma maneira com o livre arbítrio de outras pessoas. No entanto, eu sabia com certeza que podemos e devemos mudar a si mesmos.

Dei mais valor ao que eu aprendi sobre mim mesma, eu sabia quais eram as minhas necessidades biológicas, minhas estratégias de sobrevivência, o meu projeto-senso, o meu objetivo de vida ...

Todo o conhecimento adquirido sobre mim mesma, me impedia de pensar somente numa direção e também me impediu de considerar, como única eventualidade o que queria, passar minha vida prestando a máxima atenção, meditando ou outras coisas parecidas ... Sei por experiência própria que as soluções para cada coisa ou evento são infinitas, e eu senti que isso poderia ser apenas uma das soluções. Eu também tinha um forte sentimento que todos os métodos propostos para realizar a solução de manter longe o conflito eram excelentes métodos, mas que nenhum deles eram adaptados para mim, porque tinham a intenção de dar uma solução que eu não considerava válida para a minha escolha de vida pessoal.

Imaginei-me ocupada em concentrar a minha atenção para evitar de entrar nos meus conflitos pessoais. Eu estava concentrada em levar uma vida agradável no dia a dia, procurando continuamente o equilíbrio e harmonia, num slalom esgotante entre as dificuldades da própria vida. Eu percebi que desta forma eu não teria tempo e energia para fazer qualquer outra coisa. Eu tinha outras coisas na mente para mim mesma. Eu desejava ter a saúde e o bem-estar em todos os níveis sempre e constantemente, sem ter que procurar de reconstruir a cada vez.

Eu queria levar a minha vida sem ter que prestar a máxima atenção, livre do constante esforço de controle da realidade circundante ou com medo de poder perder os benefícios obtidos à causa de uma das minhas distrações. O bem-estar em todos os níveis deveria transformar-se numa questão de fato em minha vida, adquirida de uma vez e para sempre em natural equilíbrio. Isso me permitiria ir em frente e dedicar-me a fazer outras coisas. Estava e estou convencida de que, de fato, o objetivo de cada ser humano é a evolução, e, portanto, a saúde, a felicidade, o bem-estar econômico, a relação sentimental satisfatória em todos os níveis, um bom trabalho ... sejam o ponto de início e não o ponto de chegada para o seu caminho.

Eu tomei minha decisão: se eu não pudesse encontrar nos escritos e estudos de outros o que eu estava procurando, talvez significava que encontrar esse tipo de solução fosse somente uma exigência pessoal ... talvez por isso eu devia encontrá-la sozinha. E decidi encontrá-la.

Eu intencionalmente faria o Salto Quântico, optando por experimentar a possibilidade Quântica da ausência de conflito e equilíbrio harmonioso em todas as áreas da minha vida e em todos os níveis. Esta ideia realmente me agradava muito, principalmente por duas razões: por um lado me permitiu resolver o que até então parecia ser um problema só meu, e que, portanto, ninguém estava interessado em resolver, e por outro lado me dava a possibilidade de me aplicar à pesquisa que estava me apaixonando sempre mais. Então comecei esta pesquisa, que mudou inteiramente a minha vida. A nova direção tomou um lugar prioritário na minha cotidianidade. Por dois anos parei de trabalhar profissionalmente – que, diga-se de passagem, a minha profissão sempre me empolgou e continua a me empolgar – e me dei à nova pesquisa totalmente. Eu dedicava cerca vinte horas por dia de estudo e utilizava outras quatro horas para dormir: Não me importava mais nada, somente a minha paixão. Exatamente, era paixão pura aquela que, não responde a nenhuma lei ou regra conhecida, assume comportamentos que te faz se sentir melhor consigo mesma, chegando a momentos completos como no meu caso.

Que fosse paixão, bela e ardente, total e pura, viva e íntima, tive a certeza, quando uma vez encontrado o instrumento que estava procurando, a harmonia e o equilíbrio começaram a fluir em mim junto com a nova consciência.

2. O Salto Quântico.

Então decidi: *Dar intencionalmente o Pulo Quântico.*

Neste ponto é necessário deixar claro o que eu entendo com a definição de Pulo Quântico e para isso abrirei um pequeno parêntesis que mostre uma das modalidades sob a qual se manifesta a realidade de acordo com a Física Quântica.

O quantum é o valor mínimo definido e indivisível de uma grandeza física que pode variar somente por múltiplos de tal valor. É uma quantidade mínima de matéria suficiente para ser estudada em laboratório.

Segundo a Física Quântica, a realidade, tudo o que é real – quando observada na forma manifesta, sob forma de partículas e não de ondas – é feito por uma infinidade de "quanta de luz", que são chamados fótons.

Os "quanta de luz", portanto criam a nossa realidade.

Imaginem se observar uma sequência de tais pontos luminosos que seguem um atrás do outro criando fios muito sutis. Em cada um destes fios existem possibilidades diferentes de vida, que são chamados então de Possibilidades Quânticas.

Portanto as Possibilidades Quânticas acabam sendo infinitas. É neste princípio que se baseia a física dos quanta. Segundo esta ciência, existem de fato múltiplas possibilidades para cada evento singular, isso é, para cada evento, podem existir vários resultados. Tais possibilidades já existem realmente em trilhas diferentes de fótons. Isso significa que cada possibilidade já foi criada e está presente no nosso mundo, e que, se quisermos passar de um resultado para outro, é possível fazendo uma espécie de pulo de pista, de uma trilha de fótons a outra, e tal pulo é chamado de Salto Quântico.

O que eu pretendia fazer, portanto, era passar da trilha de fótons na qual a minha vida se encontrava até então, e na qual até agora estava vivendo com desconforto devido à presença e a repetição cíclica dos meus conflitos, na trilha de fótons na qual a minha vida fosse livre de qualquer conflito ou memoria celular herdada ou adquirida do mundo esterno, portanto não minha. Era muito clara para mim a possibilidade da Trilha Quântica que estava procurando e com a qual eu decidira viver. Eu estava procurando a trilha de fótons na qual fosse possível mudar as informações celulares; Esta trilha combina em si mesmo toda uma série de corolários, não menos importante, a possibilidade de mudar todas as informações.

Todas sem nenhuma exceção.

Estes argumentos me fortaleceram para continuar a busca, desejando alcançar o objetivo no menor espaço de tempo linear. É inútil notar que pela minha natureza tento a acelerar sempre o tempo cada vez que eu ache que seja útil para mim. Além do grande entusiasmo, eu me sentia, todavia como um mosquito que bate contra uma janela exatamente quando parece ter visto uma saída. Na verdade, a Ciência dos quanta não encontrou ainda, ou, se já encontrou, ainda não explicou e nem divulgou, a modalidade de como fazer o Pulo Quântico.

Até agora sempre se pensou numa forma de casualidade, que as vezes acontece e as vezes não. Por exemplo, os seres humanos cunharam o termo "sorte" para explicar o Salto Quântico que às vezes alguns deles conseguem fazer. Uma vitória multimilionária pode mudar a vida das pessoas, até mesmo nos menores detalhes da vida cotidiana. Ela pode mudar não só a sua relação com o dinheiro, mas também com o trabalho, com relações interpessoais etc. Portanto, a sorte é representada como uma deusa vendada que de repente aparece e, em seguida, tão de repente desaparece, demonstrando assim a sua total e absoluta "aleatoriedade". Mesmo um grande terremoto pode mudar a vida de uma pessoa numa forma radical. De repente, sem casa, sem bens e, por vezes, sem a família, o indivíduo deve inventar um novo modo de vida. Já que os seres humanos tendem a dar explicações a cada evento, neste caso chamar-se-á tragédia. Se for observado, no entanto, desde o ponto de vista de grande mudança, quer se trate de uma tragédia ou um golpe de sorte pode-se dizer de ter-se feito um Salto Quântico.

Para as trilhas de fótons não existe o conceito de bem ou mal, eles existem e basta, e contando com a aleatoriedade se encontrarão caminhando em uma ou em outras dessas trilhas, não importa qual.

Eu tinha decidido mudar a minha vida e fazer o Salto Quântico passando exatamente na trilha fotônica que escolheria, por isso, eu tinha que encontrar o caminho sozinha, evitando de confiar somente à "casualidade". Olhando deste ponto de vista posso dizer que a casualidade não existe, é uma banalidade. Em realidade, desde o ponto de vista das trilhas fotônicas, mesmo casualidade é uma Possibilidade Quântica, e como tal, pode – se decidir considerá-la ou não. Eu tinha decidido viver de uma forma diferente, e sabia que havia uma solução de *como o fazer*, eu só tinha que encontrar.

Comecei bem, porque eu sabia o que eu estava procurando: uma forma de mudar a minha vida, aquela deste lado do véu. Tenho que admitir que eu tinha uma chance a mais de ter sucesso na descoberta: o conhecimento daquela outra realidade, onde tudo me vinha revelada de uma forma que eu pudesse entendê-la com facilidade.

Eu também tinha uma ajuda preciosa dada por todas as ferramentas que eu tinha aprendido a utilizar através dos meus estudos. E, em seguida, isto me fascinava e este é outro item que pode ajudar em muitos casos semelhantes ... Então eu comecei.

Eu tinha tido desde o início, uma forte intuição de que a solução para o que eu estava procurando, fosse dado pelo ponto de intersecção entre a ciência, entendida no sentido literal do termo, e o que eu chamo simplesmente de Espiritualidade. Quando falo de Espiritualidade, refiro-me ao que resulta intangível aos seres humanos, já que eles não podem perceber a sua existência através dos cinco sentidos.

A parte intangível, pode-se dizer desconhecida, enquanto não manifestada, segundo a maneira habitual, corresponde a 90% do universo, portanto, é impossível para a "humanidade isentar-se deste.

De acordo com os pesquisadores, que reconstruíram com modelos informáticos a criação do nosso universo e do chamado "Big Bang", através do qual este se criou, pouco após o "momento da explosão" 90% do Universo desapareceu.

Isto é, de uma certa massa de material igual a 100, imediatamente depois da "explosão" sobra apenas cerca de 10%. Para onde foi a parte restante?

Sabemos, através do estudo da nossa realidade que muitos vibram em diferentes velocidades, dando-nos, assim, diferentes consistências de "Matéria", que, por conveniência, vou definir como mais ou menos compacto. Portanto, seguindo essa definição, eu vou dizer que as pedras têm uma vibração baixa, a qual é descodificada pelos sensores humanos como mais compacto; os seres vivos têm uma vibração mais alta, e eles têm uma estrutura menos compactas, e assim por diante até chegar com o aumento das vibrações a estruturas sempre menos compactas, como o ar, o gás e muito mais ...

Elementos como o ar e a luz, que vibram em velocidades muito altas, são, portanto, intangíveis, mas isso não afeta a existência e a utilização por seres humanos. Se pensamos, por exemplo, ao fato de muitos gases, que são inodoros, insípidos, incolores, intangíveis e inaudíveis, no entanto, são aproveitados pelos homens em recipientes e usados para o seu próprio bem-estar. Com essas premissas, podemos afirmar que usamos continuamente elementos que, embora não sejam tangíveis e manifestos, são considerados existentes na nossa realidade.

Os cosmólogos, portanto, supõem que 90% da massa constituinte originalmente o Universo, tenha imprimido a si mesma imediatamente após a "explosão, ou talvez simultaneamente, uma vibração tão elevada que se tornou imperceptível para cerca dos restantes 10%, então para os seres humanos que também fazem parte daqueles l0%.

No entanto, considero que esta massa existe e que toda ela está ao nosso redor, com uma vibração tão alta a ponto de ser inconsistente para os nossos sentidos.

Concordo plenamente com esta teoria, porque para mim a realidade do "tudo em torno" é muitas vezes palpável, no sentido literal do termo.

A solução que eu estava procurando, era, portanto, o ponto de um cruzamento entre o conhecido e o desconhecido, corpo e sem corpo, clara e invisível. Faltava superar apenas um pequeno problema de abordagem metodológica: a totalidade do universo, como um campo de investigação me parecia muito vasto, mesmo com todas as ferramentas que eu tinha. No entanto, eu nunca renunciei à lógica em favor do intuitivo, nem fiz o contrário, então eu aprendi a usar a melhor ferramenta que naquele momento fosse necessária. Assim, uma vez mais, a "intuição" vinha a me ajudar com um outro princípio; o princípio de que o que está contido no infinitamente grande também está contido no infinitamente pequeno. Ou seja, o Universo é holográfico e cada coisa que faz parte do "Tudo", também está contido numa parte dele.

Eu fiz uso portanto deste princípio, que, intuitivamente, senti que podia me ajudar e o apliquei na lógica e a razão para refletir sobre qual poderia ser o elemento que é dimensionalmente menor e que se comporta - em relação à percentagem de "utilização" que faz um ser humano - da mesma maneira que se comporta o Universo.

A resposta veio repentina, este elemento é o cérebro humano. Na verdade, até mesmo os cientistas dizem que é usado apenas um percentual entre 5 e 10% do seu potencial.

Aqui, então, eu poderia delimitar o campo de minha pesquisa para uma área muito mais próxima de mim: o meu cérebro. Esta escolha teve várias vantagens, não menos de ter sempre à disposição o objeto do meu estudo.

As Ondas Cerebrais.

O funcionamento do cérebro foi estudado por muito tempo e por diferentes disciplinas. Sabemos que o cérebro funciona sempre em qualquer momento do dia, mesmo nos momentos em que o corpo está descansando, portanto não somente nos estados – assim chamados acordados – mas também durante o sono. Cientificamente a atividade do cérebro se exprime emitindo ondas que são chamadas precisamente de ondas cerebrais. Estas são criadas com pequenas diferenças de potência elétricas e mesmo atenuadas, pode-se medir na superfície do couro cabeludo. A sua potência é de cerca uma dezena de microvolts (1 microvolt = μV = 1 milionésimo de Volt) A atividade cerebral é a emissão consequente de ondas que oscilam, podem ser medidas e vistas através de um equipamento que dispõe os dados num traçado gráfico chamado Eletroencefalograma. Um exemplo típico do traçado EEG é o seguinte:

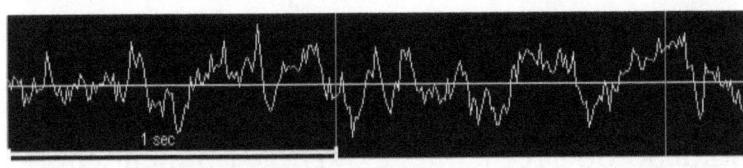

Neste se distinguem 4 tipos de ondas cerebrais,

classificadas de acordo com as frequências, isto é, baseadas nos números de oscilações por segundo, que são medidas em Hertz.

1 Hz = 1 ciclo/sec.

Vejamos a seguir as quatro tipologias de ondas feitas pelo cérebro humano:

Ondas Beta: têm uma frequência que varia de 14 a 30 Hz e são associadas às atividades normais quando se está acordado, quando o indivíduo está concentrado nos estímulos externos.

As ondas Beta, de fato para os seres humanos são a base das atividades fundamentais de sobrevivência, de ordem, de seleção e valorização dos estímulos que provém do mundo ao redor. Por exemplo, lendo estas linhas o vosso cérebro está produzindo onda Beta, estas então, permitem a reação mais rápida e a execução veloz das ações.

Ondas Alfa: têm uma frequência que varia entre os 8 e 14 Hz, são características dos estados de relaxamento e meditação, quando a mente calma e receptiva, é concentrada na solução de problemas externos, ou alcançando um estado meditativo inicial. As ondas Alfa dominam os momentos introspectivos ou naqueles no qual é mais aguda a concentração para obter um objetivo bem preciso. Resultam ativas principalmente no momento do adormecimento e quando se está acordando, isso é, quando está entre o sono e o acordar. São típicas, por exemplo, na atividade cerebral de quem está meditando.

Ondas Theta: têm uma frequência que varia entre 4 e 8 Hz, e são características do estado de sonho, são próprias da mente ocupada em atividades de imaginação, visualização, inspiração criativa. Tendem a ser produzidas durante a meditação profunda, sonho com olhos abertos, na fase REM do sono, aquela onde sonhámos. Nas atividades quando estamos acordados, as ondas Theta são um sinal de um conhecimento intuitivo e de uma capacidade de imaginação enraizada no profundo. Geralmente são associadas à criatividade e as atitudes artísticas.

Ondas Delta: têm uma frequência entre 05 e 4 Hz e são associadas ao maior relaxamento psicofísico. As ondas cerebrais com uma menor frequência são exatamente as da mente inconsciente, do sono sem sonhos, do abandono total. Estas são produzidas durante os processos de auto regeneração inconsciente e auto cura. As ondas de transição entre Alfa e Beta, são também chamadas de SMR (Sensório Motor Rhythm ou Ritmo Sensóriomotor). As ondas de alta frequência, a partir de cerca de 25 Hz, são também chamadas de raios gama.

Até aqui, como relatam em todos os manuais em relação à atividade cerebral do cérebro e ao seu comportamento no arco de tempo e espaço. E daqui eu poderia começar a fazer as minhas considerações. Depois de ver o modo de funcionamento das ondas cerebrais, percebi que a solução que eu estava procurando se encontrava exatamente ali, mesmo porque, como mencionado anteriormente, as formas nas quais a realidade se manifesta na forma de partículas da matéria, é apenas uma das duas maneiras. Na verdade, existe outro modo que é o da onda. Esta dualidade de comportamento na manifestação da realidade contingente foi usada na Teoria Quântica de Campos, que percebe a dualidade partícula-onda associando partículas para os quanta de energia de correspondentes campos de onda; por exemplo, os fótons são associados aos quanta do campo eletromagnético. Desta forma, torna-se evidente a identidade absoluta de todas as partículas de um do mesmo tipo. A partir desta dualidade, tenho constatado que as ondas cerebrais não são nada mais do que o modo do cérebro de criar a realidade e interagir com ela na mesma forma: A onda.

Observando-se o comportamento do cérebro e as fases de utilização das diferentes ondas cerebrais, eu tinha notado qual era a relação entre estas e as várias disciplinas que eu tinha tomados em consideração. Eu entendi assim que, por exemplo, a ciência tradicional, que faz uso do raciocínio lógico/racional, usa ondas predominantemente Beta, de fato, como dissemos estas são ondas de triagem, de seleção e avaliação dos estímulos provenientes do mundo exterior ao indivíduo.

Diz-se que são também ondas que permitem a reação mais rápida. O que significa que são ondas produzidas pelo cérebro quando você tem acesso às chamadas "respostas automáticas", ou seja, ao arquivo biologicamente herdado, de acordo com algumas teorias, ou aprendeu do ambiente aonde está, de acordo com outras teorias. Um arquivo, então que parece ser de qualquer forma estranha ao indivíduo, e que é colocada no mesencéfalo, área do cérebro onde estão as emoções. Elas são, portanto, utilizadas para a solução de conflitos nas disciplinas científicas clássicas. Em todo caso, as ondas Beta, pouco profundas e muito frequentes, não eram o que eu estava procurando, pois elas mesmas lidam com a maior parte do potencial do cérebro igual a 5% ° de que o ser humano está acostumado a usar há milhares de anos. Mas eu queria encontrar o acesso ao restante 95% destes potenciais, e, consequentemente, para a parte de Universo ainda desconhecido. Levei então em consideração as ondas Alfa, que são de frequências menores do que as Beta, portanto mais profundas. Como mencionado acima, por meio de estudos científicos, as ondas Alfa predominam os momentos introspectivos, ou aqueles em que é mais aguda a concentração para alcançar um objetivo específico. Por conseguinte, é fácil de compreender que são as mesmas ondas que são utilizados para a solução do conflito nas disciplinas que fazem do uso do "pensamento positivo", naquelas em que se envolvem a recitação de mantras ou orações nas quais a cadência de sons ou palavras leva a uma espécie de transe leve, ou em outras disciplinas onde se realizam meditação não muito profundas. Eu já sabia, por tê-los experimentado pessoalmente, que esses métodos demonstraram ser válidos, mas eu pude perceber que a interrupção da atenção consciente, interrompia o processo positivo iniciado. Então, para continuar a obter benefícios destas práticas, era necessário continuar regularmente a disciplina, e manter um alto nível de atenção, a todas as coisas que pouco se adaptavam à minha necessidade de mudança constante, ou que não se adaptavam aos acessos de repetitividade, de qualquer tipo. Eu percebi que usar conscientemente as ondas Alfa é equivalente no cérebro, a sobrepor um novo arquivo de apenas 2 megabits num arquivo mais velho, que já está presente (em partes por milhares de anos, e em outras partes há milhões de anos) em sua memória, e ter um potencial no valor de centenas de milhares de terabits. O novo arquivo, definido como vibração mais elevada, no começo funciona, porém no primeiro movimento da nova vibração, estraga e é removido por aquele mais antigo e poderoso que volta a ser o primeiro. Eu percebia que tudo isso pode acontecer só por sobrepor um novo arquivo, mas menos potente ao antigo arquivo conhecido pelo cérebro, e isso me trouxe à luz uma pergunta: quando e como isso pode funcionar? Como se pode mudar o arquivo, ou se você preferir, a vibração e estabilizar o novo modo de ser para o cérebro? Eu percebi que, na verdade, o que funciona de forma duradoura para melhorar a estrutura de base como, por exemplo, as fundações de um edifício, sem demolir a parte de cima, não é dado pela superposição de uma nova estrutura, mas de "interação de uma peça nova e tecnologicamente mais avançada com a antiga estrutura, ou seja com suas partes ainda eficientes e úteis. Da mesma forma, eu tinha que interagir com os conteúdos velhos do meu cérebro, indo a remover as partes que não eram mais úteis à minha vida e substituindo-os com as novas criados por mim e, portanto, mais adequadas para a minha vida atual. Mas dá para entender que isso não é possível com os métodos habituais, portanto, com ondas Beta e Alfa: Tinha que trabalhar com diferentes ondas, mais lentas, a fim de poder aprofundar e ir a ocupar-me com programas que estão muitas vezes a níveis profundos do "ser", como o nível inconsciente ou outros que não é importante comentar agora.

As Ondas "Certas".

4. o   Entendi, portanto que as ondas ideais para fazer isso são as ondas Theta e as ondas Delta. Mas lembre-se, diz-se que de acordo com estudos científicos, essas ondas são ativas somente durante as fases respectivamente de sono com sonhos e sono profundo. O instrumento real é ter a possibilidade de utilizar estas ondas a nível consciente.

No que diz respeito às ondas Theta, diz-se, no entanto, que, por vezes, também podem ser medidas em indivíduos acordados que estão fazendo operações de grande criatividade e, portanto, numa espécie de transe criativo. Como foi dito acima, em atividades feitas quando acordados as ondas Theta são um sinal de conhecimento intuitivo e de uma capacidade imaginativa enraizada no profundo: geralmente estão associadas à criatividade e atitudes artísticas. Naturalmente aconteceu ao encontrar-me muitas vezes naquela condição: quando eu tinha a intenção de projetar, quando eu me ligava a aquilo que eu chamava de "outra realidade" quando eu escrevia ... Conhecia bem, então, o uso consciente das Ondas Theta seja por experiência pessoal ou por ter estudado o método para a sua utilização, codificado desde uma disciplina específica nos últimos anos. No entanto, eu entendi que para mim mesma eu precisava de algo diferente, que fosse além do que as ondas Theta permitam-me. Na verdade, mesmo chegando a interagir com o velho arquivo elas não são suficientes para substituir partes consideráveis, uma vez que, pela sua própria necessidade se baseiam, para a atividade do mesencéfalo, onde já foi mencionado, estão presentes emoções, mas também as chamadas respostas automáticas hereditárias ou adquiridas. Portanto, para tais ondas é impossível ir além destas respostas automáticas depositados em profundidade, então as mudanças trazidas por elas são sempre relativas e nunca absolutas. Através das ondas Theta pode-se operar mudanças no indivíduo, mas estão sempre associados com os "hábitos" de outros indivíduos e, portanto, são relativos.

Pode-se, por exemplo, mudar o estado de doença para o estado de saúde, mas, porque provavelmente, devido ao conflito, o indivíduo perdeu a própria imagem de "saúde", as ondas Theta darão uma ideia do estado de saúde relativo ao que é o pensamento comum e, frequentemente, a imagem relativa é facilmente removida porque é reabsorvida do velho Arquivo. Baseada na minha experiência, por meio de ondas Theta não existe a possibilidade de acesso ao que eu defino "Vibração Pessoal" de cada indivíduo – da qual aprofundarei em detalhes nos próximos parágrafos – ao interno do qual é possível encontrar o estado de saúde melhor em absoluto para aquele indivíduo especifico. Isto significa que através das ondas Theta não é possível projetar, por exemplo, a melhor imagem absoluta dos valores glicêmicos no sangue de uma determinada pessoa, mas apenas é permitido projetar uma imagem dos valores glicêmicos melhores no sangue, de acordo com as convenções e estatísticas do laboratório. É possível, portanto, dar somente uma imagem de saúde correspondente a valores estatísticos. Então pensando sobre o que acaba de ser dito, traduzindo no âmbito comportamental das pessoas, ter-se-á a projeção de imagens estereotipadas - pensemos em todas as imagens de bondade, alegria, de felicidade - baseadas em clichês e não em uma consciência pessoal; isto é, baseado no que comumente se pensa seja bom, possa gerar alegria etc.

Desta forma, é como se você tirasse do indivíduo um esquema, para substituí-lo com outro feito em todo caso de bom senso e que, de acordo com a minha maneira de pensar, faz indivíduos não tais, mas sempre comuns, ainda que felizes.

Por todas estas razões, os resultados alcançados pelo uso de tais ondas, que em todo caso eram ótimos considerando o ponto inicial, não eram suficientes para mim que tinha entrado na ótica de encontrar a solução definitiva e iniciar então, fazer algo mais.

Dei-me conta de que o que eu estava procurando podia ser as Ondas Delta. Mas estas, por definição, eu só sabia que são criadas na área dos lobos frontais chamadas Zona do Silêncio. Uma área considerada inacessível a nível consciente.

Meus dois anos de pesquisa, tinham como objetivo encontrar maneiras de ter acesso de um modo racional a elas e, em seguida, usá-las.

Ondas Delta.

5. Não me peçam para demonstrar com experimentos em laboratório o que lhes direi em seguida, porque eu não sei como poderia fazê-lo, mas o que eu sei - como resultado de uma variedade de experiências práticas - é que, através da utilização de tais ondas é possível modificar profundamente a vida das pessoas e ajudá-las a voltar a viver uma vida em perfeito equilíbrio com o todo, o Universo, assim como é da sua natureza.

Aqueles que experimentaram comigo nos últimos dois anos podem confirmar isso, porque eles viram a própria vida mudar radicalmente. Eles escolheram a Realidade Quântica que queriam viver e agora estão na harmonia do todo.

De seres necessitados de ajuda tornaram-se pessoas capazes de ajudar, porque recuperaram o domínio da própria vida.

Quanto a mim, lhes contarei somente o funcionamento de tudo que eu amo definir como uma forma, entre as muitas possíveis, para dar o Salto Quântico. Uma maneira de mudar a própria realidade e seguir uma nova possibilidade Quântica para a realização da própria vida.

Falarei sobre a minha experiência e da

mensagem recebida relativamente à "Lei das Dimensões", àsquaischeguei, graçasàutilização de minha capacidade inata de me conectar com partes do Universo onde é possível aprender inclusive disciplinas a nós completamente desconhecidas. Ou, se preferirem ver do ponto de vista da psicobiologia, à compreensão da qual cheguei, memórias reativando as memórias sempre estiveram presentes em minhas células e adormecidas por milênios. Isso demonstra que o que está contido no que tem sido previamente definido o "arquivo antigo", ainda é parcialmente válido, nele estão de fato contidas as informações ainda hoje válidas para os seres humanos, depende apenas do uso que se fazem destas.

A Lei das dimensões é ativada através do uso consciente das ondas Delta e serve para manifestar a sua realidade em todos os Planos Dimensionais de Existência dos quais tratarei num modo completo no próximo capítulo.

Através da Lei das Dimensões, e a posterior utilização das ondas Delta, podemos criar a nossa própria realidade em cada plano seja da nossa dimensão, seja de outras dimensões.

O que eu sei é que, enquanto as ondas Theta são de propagação mediada em ressonância com o "Universo", e, portanto não atuam imediatamente na realidade em que estamos imersos corporal e materialmente, as ondas Delta tem uma multiplicidade de características, isto é, seja de propagação imediata em ressonância com o Universo, para a nossa realidade material e corporal e para todas as outras realidades em que existam seres humanos, seja propagação programada em ressonância com o Universo. Isto significa que o através destas, nós podemos interagir seja no terceiro nível dimensional da Existência, que é aquele em que agora está localizada a Terra e os seres humanos que a habitam, seja nos outros vinte e dois níveis dimensionais de existência, no qual cada ser humano existe mesmo não materialmente neles. Isto porque a Lei das Dimensões transcende as Leis do Terceiro Nível de existência.

A afirmação que acabei de fazer contém implicações consideráveis.

Na verdade, pensando nas suas consequências esta lei, permite o acesso à imortalidade, a imunidade, à infinidade e a imaterialidade que são típicos de outros planos de existência, como se verá em detalhes no próximo capítulo. A Lei das Dimensões era conhecida em algumas de suas partes, também pelo "Povo Antigo", - que será discutido em detalhes no próximo capítulo - numa época muito distante da nossa. Todavia, agora eu sei que essa lei nunca foi conhecida até agora na sua totalidade e na forma descrita acima, na Terra. De fato, quando o Povo Antigo trabalhava com essa lei, tinha que fazer isso num outro nível dimensional. Ou seja, o indivíduo com o seu próprio ser num outro nível de existência e dali podia usar a lei. Esta modalidade nunca permitiu à terra fazer pleno uso do potencial de Delta. Agora, a possibilidade de fazer pleno uso desta lei no nosso nível dimensional, tem um significado muito mais amplo, e as oportunidades oferecidas do seu uso, são facilmente intuitivas. Por exemplo, através dela é possível acessar as leis relacionadas à nossa convenção de tempo. Sendo convenção, o tempo é um elemento intimamente relacionado com o nível dimensional da Existência humana, então influentes na lei em questão. Daqui resulta que um de seus corolários da lei é a imortalidade do corpo, porque às leis que até agora eles estiveram sujeito, são aquelas relacionadas com as convenções do tempo linear que determina o ciclo e daí também o envelhecimento e a morte. Além disso, a Lei do Delta dá acesso a um uso diferente da matéria, porque esta também está ligada a uma convenção humana que é a do espaço. Neste campo, já no passado têm evidências de uso da matéria de uma forma diferente, por exemplo, para algumas artes marciais nas quais é possível andar no ar mesmo por um curto período de tempo, para não mencionar aquele que caminhou sobre a água.

Diferentes maneiras de usar o material, por isso, até agora definidos milagroso ou quase, e com o conhecimento da *Lei das Dimensões*, é possível dar origem à desmaterialização de corpo e de qualquer coisa presente no atual plano dimensional e a materialização em qualquer outro ponto da Vibração Universal (isso também vai ter uma explicação completa no próximo capítulo).

Uma vez que esta é uma informação muito importante, foi natural para eu pedir ao Universo a compreensão de qual é a finalidade da utilização da presente Lei, e a resposta foi muito simples quanto surpreendente: "Trazer bem-estar ao mundo".

6. A Lei do Delta.

A Lei das Dimensões está além, como eu disse, das outras Leis da física presente no plano da existência corporal humana e, por conseguinte, não é sujeito a elas, então, supera a lei de compensação que é característica desta dimensão e não altera o equilíbrio da Terra quando é utilizada. Isso significa que não cria problema em nenhuma parte do globo ou em outras dimensões. Esta nos foi dada para o bem maior, nosso e de todo o Universo. Mesmo se somos céticos sobre isso, pode ser utilizada assim mesmo, porque é uma lei, e funciona.

Para usar esta lei, é necessário desbloquear os lobos frontais e em seguida, desbloquear a chamada "Zona de Silêncio". Desbloquear esta área do cérebro é equivalente a usar a nível consciente e em estado de vigília as ondas Delta que se formam.

Depois de ter desbloqueado, através da prática chega-se ao domínio da utilização consciente das ondas Delta e através destas se passa para a fase ativa, o qual consiste na localização, do "mapa" de todos os aspectos da própria vida. Isto serve para identificar claramente onde, como e quando fazer acontecer as coisas desejadas e úteis para satisfazer as próprias necessidades.

Graças ao conhecimento do mapa, se trabalha com muita facilidade porque se criará a realidade no ponto exato da trança fotônica - correspondente à possibilidade Quântica que se está vivendo e que mais se deseja mudar. Melhor, se observar de um outro ponto de vista, vai se fazer o Salto Quântico dirigindo-se exatamente em direção da trança fotônica que mais interessa viver como própria possibilidade Quântica.

Este foi o meu primeiro encontro com o que eu chamei de "Lei do Delta". Mais tarde cheguei a outras conclusões e maior compreensão.

O que eu sei agora é que as ondas Delta são muito lentas, portanto amplas e profundas, têm uma vibração muito elevada, tal a permitir a interagir com tudo, e tal como a permitir a se fazer o Salto Quântico. A coisa mais importante é que através delas pode-se irromper à nossa própria vibração máxima, ou seja, o 90-95% do Universo, ou, se quiserem, do potencial do cérebro por nós não utilizado, e a ver a imagem consciente.

Isto significa que quando nós mudamos a nossa vida, não absorvemos outras convicções ou crenças externas, mas nós podemos projetar o que é melhor em absoluto para nós. Isto significa que as ondas Delta dão não mais uma imagem relativa de uma parte, mas a imagem absoluta do todo.

Estas permitem o acesso ao tempo circular do Universo, saindo da nossa linearidade temporal e dando-nos a oportunidade de fazer saltos quânticos continuamente.

O Delta dá o acesso àquilo que eu chamo de Vibração Pessoal, da qual eu agora vou apenas dizer que é dado por todas as interseções espaço-temporal quanto possível para cada indivíduo, me reservando a explicar em detalhes em breve.

Você tem alguma ideia da "enormidade" do que isso significa na vida humana? Significa que podemos conscientemente escolher a trajetória que queremos seguir em nossa vida, em todas as áreas da nossa vida, em cada pequena faceta de nossa cotidianidade.

Significa que podemos escolher qual situação em que queremos viver do ponto de vista do bem-estar físico, econômico, emocional, intelectual, espiritual ...

Significa que, ao elevar as nossas vibrações, temos mais instrumentos para criar a nossa realidade. Isto é, temos a possibilidade de harmonizarmo-nos com o Todo, com o Universo, e receber dele o que nós precisamos, em qualquer nível. Afinal temos a capacidade de escolher em qual faixa continuar a nossa vida. Mas é claro que para fazer isso é necessário vibrar na mesma velocidade dos fótons que compõem essa realidade. Portanto, eu digo que para fazer a mudança, temos que conseguir a vibrar em Delta, cuja vibração é igual a da luz. Além disso, já que tudo o que diz respeito, os seres humanos pertencem a um específico "Plano de Existência", com as ondas Delta pode-se decidir o que manifestar e onde. Através delas tem-se acesso a todos os Planos incondicionalmente e pode-se interagir com todas as energias. Isto estabelece uma nova linha sutil de demarcação entre as ondas Theta e Delta na criação da própria realidade. Já se mencionou anteriormente que a diferença principal, consiste no fato de que as ondas Theta são ondas de propagação permeadas em ressonância com o Universo, enquanto as ondas Delta são ondas de propagação imediatas e programadas em ressonância com o Universo. Agora podemos afirmar que isto significa que a primeira se propaga no Universo através de um meio, algo que as sustente, enquanto as ondas Delta se propagam de qualquer maneira, independentemente do Todo. Então as Theta se propagam na matéria, e não existiriam sem o próprio substrato enquanto as Delta existem independentemente disso. Portanto, esta é também a razão pela qual o Delta existe em todos os Planos Dimensionais de Existência, enquanto as Theta existem apenas nos planos onde a vibração é menor.

E novamente, o que significa que as ondas Delta são ondas de propagação programada em ressonância com o Universo? Isso significa que o efeito desejado das ondas, uma vez que é realizado na realidade Quântica na qual não há a convenção de espaço-tempo, pode-se programar para que se materialize num determinado tempo e num determinado espaço de acordo com as regras da realidade dimensional em que está no momento a Terra. Quanto o que foi afirmado demonstra que se as Ondas Delta são usadas de forma consciente, dão acesso a: imunidade, a imortalidade, infinito, transcendência das leis relativas às três dimensões, imaterialidade.

A única lei relativa às ondas Delta é a chamada "Lei das Dimensões", e, como já mencionei, nunca foi conhecida até agora nesta forma na Terra.

Na verdade, ela está fora das leis da física que até então são conhecidas, não obedece nem ao conceito de causa e efeito, portanto no seu uso não se altera o equilíbrio predefinido nem ao conceito de que existe uma "dependência sensível às condições iniciais", que é comumente definido o efeito borboleta.

Ela não está sujeita a nenhum desses princípios, nem perturba o que está implícito, mas simplesmente é capaz de interagir com o Todo mudando apenas o que é necessário mudar, sem qualquer efeito colateral.

Ela simplesmente É.

Tudo pode ser feito com ela e em breve estará acessível a todos.

Nos capítulos seguintes descreverei o método que eu desenvolvi e com o qual é possível compreender a cada um onde se encontra neste momento da vida, aonde quer ir, e, especialmente, como ir até lá.

A discussão subsequente cobrirá assim os caminhos para conseguir isso e se preparar para ser ativado no Delta.

Lucia Dettori

Capítulo II

O PERÍODO HISTÓRICO

Depois de conhecer os vários passos que levaram à busca de um novo caminho para a mudança e o Salto Quântico, dando continuidade falaremos da afinidade entre a busca de um novo caminho de conhecimento e de tempo histórico em que essa se encaixa. Deixando claro no que a realidade que objetiva o caminho é o "fruto do seu tempo", e qual é a finalidade disso tudo.

Além disso, encontrar-se-á perante a grande questão que tem atormentado cada pesquisador neste período histórico humano: até onde você pode trilhar o caminho do conhecimento? Aonde é melhor parar? Qual é o limite proibido, além do qual não deve ir?

Perceberemos que a sensação de exceder os limites e fronteiras é apenas uma memória induzida, para os seres humanos, má convicção, um credo e, por isso mesmo, artificiosa.

É o medo do homem da "condenação eterna". Investigando minuciosamente este medo, percebemos que é justamente nos momentos de dúvida, nos momentos em que o ser humano se julga e se condena pela sua arrogância, que, realmente, poderia cometer arrogância. Se há um ponto além do qual pode-se cometer arrogância, é aquele que se coincide precisamente com o momento no qual o ser humano interrompeu o seu caminho de conhecimento por medo de superar suas limitações.

Se os seres humanos seguem um caminho na própria evolução, significa que este pertence à possibilidade Quântica que a este é dada. Então, qualquer caminho que se siga, na realidade está apenas seguindo um caminho que já existe no universo e, por conseguinte, como tal, acessíveis aos seres humanos. Então, qual é o ser humano ao qual é dado decidir para si e para os outros, quando é necessário parar de fazer a vontade do Universo? Assim, a real arrogância - se houvesse - seria a de interromper o caminho do conhecimento.

1. Projeto Senso – o Sentido da Pesquisa.

É necessário saber que cada coisa, qualquer coisa, pode existir no Universo somente até quando faz sentido.

Uma casa, um relacionamento, uma amizade, um ser humano, uma vida. Tudo pode existir até quando há um sentido de existir.

O significado de uma coisa, e a razão da existência que damos àquela coisa. O senso surge de uma necessidade.

Em particular, pode-se elaborar a operação da seguinte maneira: Advertir uma necessidade faz-se um projeto, e em seguida, se cria algo que faz sentido para satisfazer esta determinada necessidade.

Um exemplo prático para explicar o conceito, pode ser o seguinte: em uma determinada área de uma cidade é sentida a necessidade de um lugar para leitura e cultura, trocar ideias, etc. Isto levará a fazer-se um projeto e construir um local adequado, que responde à necessidade, por exemplo, uma biblioteca. O senso da existência da biblioteca será para atender a essa necessidade específica que iniciaram desde o seu projeto. Então, um dia, passando naquela mesma área da cidade, se notará que essa biblioteca foi transformada em um edifício residencial. Significa que para aquela área da cidade, a estrutura da biblioteca terminou seu projeto-senso que era um local de estudo, cultura, agregação... e assumiu um outro, o papel da habitação que está relacionado com uma nova necessidade da população nele estabelecido.

Já que este conceito é válido para todas as coisas criadas, mesmo o estudo e a metodologia que vou seguir para expô-lo tem um preciso e determinado motivo de existir neste momento no Universo.

Nos meus estudos, me preocupei em estar ciente do que acontece neste momento histórico para intuir quais possibilidades Quânticas de evolução pode levar, tanto a um futuro imediato que em a um futuro mais distante, o que os seres humanos estão vivendo neste momento. Então entendi que existe uma oportunidade Quântica especial que dá a cada ser humano a capacidade de evoluir por si mesmo, de acordo com as suas necessidades biológicas, e, ao mesmo tempo - exatamente ao fazer isso - de levar também, a evoluir aqueles que o rodeiam. Tudo me pareceu muito bom, tanto me levar a criar este método que nasce como uma ferramenta poderosa para evoluir, quanto fazer evoluir de acordo com as possibilidades Quânticas.

Mas já que eu sei que quanto mais se projeta para frente no tempo o objetivo a ser alcançado com o que foi criado, quanto mais o objeto de criação deve durar, e, portanto mais tempo terá sentido a sua existência, e fazer sentido para existir Eu concebi este instrumento em um modo de dar-lhe a máxima capacidade de adaptação, livre de esquemas de convenções, e, portanto, ele mesmo está em evolução.

Em resumo, posso dizer que o Projeto-Senso que dei nesta parte do meu caminho é de ajudar as pessoas a fazer o Salto Quântico no âmbito das possibilidades que o Universo coloca à sua disposição para evoluir, assim que eles, por sua vez, também possam ajudar a evoluir. Eu decidi aplicar este método para a minha possibilidade Quântica, porque, fazendo parte do tempo linear, eu sei com certeza que, no tempo histórico em que vivemos hoje, algo muito importante e muito bonito está acontecendo com o nosso planeta. Chegou a hora de fazer uma transição histórica que levará a uma grande evolução da raça humana, e cada um de nós poderá contribuir para esta evolução.

Não estamos sozinhos, mas como para tudo o que acontece no nosso Universo, tudo já foi preparado da melhor forma para nós.

É por esta razão que já há vários anos existem muitos estudiosos que estão trabalhando para este fim, em diferentes partes do mundo. Através de estudos, pesquisas e teorias, estão apontando às multidões o caminho a seguir para garantir que cada coisa aconteça no melhor dos modos.

A tarefa destes indivíduos iluminados é de levar consciência ao maior número de pessoas possíveis e ajudá-los no que é definido a "passagem".

Muitos estudaram os textos antigos de muitas culturas onde são dadas indicações sobre o que acontecerá nesta época, e eles estão divulgando com grande e importante trabalho em todo o mundo. Outros escolheram ajudar na passagem através do uso de capacidades inerentes à natureza humana, mas esquecido por milhares de anos. Outros têm estudado e melhorado as técnicas para reequilibrar mente e corpo das pessoas. Alguns fazem isso a partir de um ponto de vista espiritual, outros a partir de um ponto de vista físico. Não importa qual é o modo de ensinamento escolhido, a coisa importante é que todos estão trabalhando para ajudar o mundo neste seu passo importante.

Cada tipo de técnica, cada modo de ensino, é igualmente importante e é desenvolvido para um grau de profundidade diferente, uma vez que esta é a necessidade do mundo agora.

De fato, nem todos têm o mesmo grau de preparação e de percepção, então haverá uma disciplina adequada para cada um. Então cada um seguirá para evoluir, a maneira que achar mais próximo a si mesmo e seguirá o caminho através do tempo e suas possibilidades.

Pessoalmente, eu só sei parte do que vai acontecer no mundo após a passagem, mas o que eu sei com certeza que vai ser dado às pessoas a máxima adaptabilidade, em seguida, eles estarão preparados para viver bem com qualquer mudança.

Este é o caminho da evolução que eu escolhi praticar: ajudar as pessoas a viver bem a vida presente e prepará-los a viver bem em qualquer situação futura.

Para viver uma vida boa hoje, temos de começar por tomar consciência do que está acontecendo neste momento na Terra e tudo o que está ao nosso redor.

2. A Velha e a Nova Rede.

Já há cerca de vinte anos geólogos e cientistas de outras disciplinas, têm implementado através de seus estudos e instrumentos de medida, que a rotação da terra em torno do seu eixo está diminuindo a velocidade (o que implica uma mudança no magnetismo da própria terra), e ao mesmo tempo aumentando a frequência, ou seja, o que é chamado de batida ou a "Pulsação" da Terra.

De acordo com estudos realizados e os que ainda estão em andamento, presume-se que o fenômeno que está acontecendo chegará a um momento em que a rotação atingirá o seu ponto mais baixo e o pulso atingirá o ponto máximo.

O ponto de intersecção destas duas linhas de tendência, num gráfico hipotético, é chamado de ponto zero.

No momento em que a Terra atingirá o ponto zero, haverá mudanças muito importantes, a mais óbvia das quais será provavelmente a inversão da rotação da Terra sobre seu eixo.

Chegará, mais uma vez, aquele momento que já nos textos antigos foi descrito como "o dia em que o sol surgiu duas vezes".

Ainda de acordo com os estudiosos no campo, este momento já se verificou várias vezes desde quando existe este Universo. Parece que a última vez foi de apenas 3.500 anos atrás aproximadamente, e há várias evidências históricas que confirmam isso.

Então, o que vai acontecer, ou melhor, já está acontecendo, é algo que já aconteceu muitas vezes na história da Terra, então nisto não pode haver nada de catastrófico.

O que está acontecendo há várias décadas é simplesmente um aumento entre as tramas da rede que envolve a Terra.

A produção de um campo de energia eletromagnética é devido à vibração da própria Terra, ou seja, devido à sua vitalidade. De fato, todos os seres vivos produzem um campo de energia eletromagnético medido em torno do seu corpo.

O campo de energia da Terra é mantido coeso - como uma grade imaginária muito estreita - pela sua velocidade de rotação em torno do seu eixo. Nas últimas décadas, a desaceleração da rotação originou uma diminuição da coesão entre as malhas da grade eletromagnética, permitindo a passagem de um fluxo maior de informações entre a Terra e o resto do Universo.

Assim como em uma rede imaginária as malhas

da rede estão se expandindo e continuam a expandir, permitindo aos seres humanos a aquisição de informação que por milênios não tiveram acesso.

Essas informações são armazenadas desde sempre em seu DNA, mas permaneceram adormecidas por um longo tempo, porque assim é necessário.

Neste momento histórico, graças às conjunturas de tipo geológico e astronômico, é permitido ter acesso a tudo o que o ser humano é.

Este é o momento do despertar do que até agora se manteve dormente. O acesso permanecerá aberto até quando a Terra inverter o sentido de rotação, adquirindo maior velocidade e constituindo, assim, uma nova grade. Se se trabalhar bem, a nova grade irá conter informações de alegria, beleza, harmonia, amor e vida infinita.

Isto é o que eu defino de transição da velha para a nova grade. Quão ruim ou terrível pode ser tudo isso?

Simplesmente haverá mudanças às quais seres humanos terão que se adaptar, mas tudo já está preparado para que isso aconteça da melhor maneira possível. Por exemplo, entre as pessoas nascidas nos últimos vinte anos, tem-se observado que uma porcentagem sempre maior destes apresenta "particularidade" de tipo biológico, tal como o chamado "cérebro duplo".

Esta definição indica as pessoas cujas conexões entre os dois hemisférios do cérebro são estatisticamente muito mais elevadas do que aqueles geralmente presentes na maior parte da população. Essa peculiaridade faz com que tais indivíduos sejam pessoas com a capacidade de fazer pelo menos duas coisas simultaneamente, portanto, de utilizar a metade do tempo para desenvolver tarefas particularmente complexas, de ter a maior concentração, para se conectar com as partes mais amplas do Universo em comparação com aqueles estritamente materiais, para curar com facilidade, de nunca ter patologias muito importantes, e muito mais. Tudo isso porque neles é continuamente ativa a faculdade de utilizar simultaneamente os dois hemisférios cerebrais.

Estes indivíduos se adaptam instantaneamente a qualquer eventualidade.

Obviamente, o que acabamos de descrever é um tema a partir do cérebro duplo em plena harmonia consigo mesmo e, portanto, fora de qualquer conflito.

A porcentagem de pessoas com essa característica definida e estudada já desde algum tempo de Psicobiologia, parece ter passado nos últimos 20 anos de 3% para 5% da população mundial. Da mesma forma, os estudiosos da área notaram também o aumento do percentual de pessoas que têm características diferentes do ponto de vista da capacidade do que pode ser definido de "espiritual"; capaz de ativar, espontaneamente potencial de auto cura, ou capaz de ter a capacidade de clarividência ou clariaudiência. Esta segunda tipologia de pessoas, foi indicada ao longo do tempo como crianças índigo, as crianças arco-íris, ou as crianças cristal ...

Pessoalmente eu adoro defini-las simplesmente "cristais", uma vez que no momento atual eles têm a mesma transparência e fragilidade do cristal.

Acredito firmemente que todas essas pessoas nascem já predispostas à evolução e para a mudança a qual o mundo está se preparando. Em particular, tenho a certeza de que o primeiro tipo, a saber, aquela que apresenta alterações de tipo biológico e que por experiência eu sei que é a mais adaptável em absoluto - o cérebro duplo - incluindo aqueles que são capazes de passar a informação biológica da máxima adaptabilidade. Na verdade, eles nascem predispostos para que adaptabilidade e flexibilidade em todos os campos e em qualquer situação sejam a sua característica fundamental. Mesmo desejando eles não poderiam viver de forma diferente. O que eu sei é que, como resultado da passagem, na Terra ter-se-á uma forma diferente de perceber e, portanto, conceber o tempo e o espaço, e isso os cérebros duplos, devido à sua estrutura biológica, podem fazer em todas as áreas de suas vidas. Eles já estão naturalmente predispostos à vida no tempo circular, conceito que entrarei em detalhes na próxima seção.

Mesmo os "cristais" têm a capacidade inata de viver no tempo circular, mas apenas para o "dom" que os caracteriza. Isso faz com que os "cristais" sejam particularmente frágeis. Eles na verdade, apresentam problemas a viver na verificação do tempo linear, já que nasceram biologicamente predispostos para viver no tempo circular, mas que não têm a capacidade de adaptação máxima típica do "cérebro duplo"; característica, esta, que capacitá-los a viver bem em ambas as situações.

De fato, enquanto o cérebro duplo nasce para ser perfeitamente adaptado para viver o momento de transição da velha para a nova rede espaço-temporal, e conseguem, portanto viver bem seja no tempo linear que no multidimensional - ou seja, no tempo circular - os cristais em vez disso, nasceram para viver na nova grade espaço-temporal, uma grade em que já existe multidimensionalidade e não existe mais o sequenciamento. Com estas características, eles vivem no dia a dia do atual tempo de transição uma discrepância entre o que as vidas diárias, com seus ritmos e cadências, lhes exigem, e o seu tempo interno inato. Esta discrepância muitas vezes leva-os a ter um comportamento considerado antissocial pela maioria das pessoas. Em particular, isso acontece com as crianças cristais em lugares institucionalizado, como por exemplo, a escola. Como disse, é fácil entender que o objetivo final para obter máxima adaptação e evitar situações de pessoas que sejam definidas em equilíbrio entre duas realidades, é ensinar aos que nasceram não biologicamente predispostos, a sê-lo.

Isso é real. Pode-se ensinar as pessoas a viver em ambas as redes, dependendo da necessidade, e para gerenciar tudo.

Isso na melhor forma para si mesmo e para os outros. Será fundamental ajudar o maior número de pessoas nascidas já predispostas para ativar as habilidades inatas.

Por exemplo, no caso de "cristal" acima descrito seria ensiná-los a estar em equilíbrio consigo mesmos de acordo com suas necessidades inatas, que são de estrutura e, em seguida, de ativar as memórias celulares inativas, que permitem a cada um utilizar todo o potencial exatamente inerente à composição genética. Uma vez ativado, indicar-se-á às pessoas o melhor modo de obter a máxima elasticidade e a capacidade de usar todos os instrumentos possíveis que o Universo coloca à sua disposição. Tudo isso pode ser obtido apenas depois de realizar as etapas que levam antes de tudo ao equilíbrio em todas as áreas de sua vida e depois ao conhecimento e ao desenvolvimento de seu objetivo de vida. Tais resultados podem ser conseguidos mudando a imagem estereotipada que as pessoas têm de si mesmos, com a melhor imagem em absoluto tirada diretamente da Vibração Pessoal. Tudo isso pode ser feito com a Lei do Delta.

Lucia Dettori

Capítulo III

OUTRAS DIMENSÕES

Quando entendermos o funcionamento das ondas cerebrais, as diferenças entre elas, as prerrogativas de cada tipo de onda, a possibilidade Quântica escolhida e o relativo senso da transação presente, é necessário então desenvolver tópicos especiais que muitas vezes são referidos durante a exposição. As referências indicam, por exemplo, o conceito de tempo, que é definido de tempo em tempo linear ou circular, ou ligados a um antigo conhecimento das memórias humanas, ou para a multidimensionalidade e à passagem dimensional para a qual a Terra e todos os seres humanos estão indo. Para este fim, neste terceiro capítulo, introduziremos, portanto, conceitos tais como Tempo Circular e Tempo Linear, Grades Antigas, Multidimensionalidade, Planos, Dimensões de Existência, Povo Antigo, Imagem, Vibração Pessoal, Vibração Universal... A discussão de tais assuntos ocorrerá de forma sumária, e apenas na parte útil para se compreender o tema principal do presente livro que visa fundamentalmente à explicação da utilidade da Lei das Dimensões, e situá-la dentro do tempo histórico, da literatura e do ambiente social presente, para observar o poder e interatividade. Mas, relacionado a uma discussão mais detalhada, vejam outros escritos mais específicos.

1. Tempo Linear e Circular.

A definição não é correta em si mesma, uma vez que seria melhor dizer tempo linear e atemporalidade. No entanto, o conceito de tempo circular é mais compreensível para a mente humana, por isso vai se falar sobre isso na distinção entre "agora e depois".

Como mencionado no introduzir os conceitos de "velha grade" e "nova grade", a Terra está se preparando para a Passagem dimensional que a levará a partir da terceira dimensão para a multidimensionalidade. Isto significa que passará da dimensão espaço-temporal conhecido nos últimos milênios a uma situação de ausência temporal e, consequentemente, de ausência de espaço, o que é a mesma coisa, a situação de infinito tempo e infinito espaço.

A expansão da consciência humana passará, portanto necessariamente através da "modulação do cérebro ao conceito de infinito". Trata-se de levar informação ao cérebro de "infinito", completa em todas suas partes. Esta necessidade é devida ao fato que na nova realidade Quântica, dever-se-á ser capaz de conceber: Lugar infinito, Espaço infinito, Mudança infinita, Lugares infinitos, Mundos infinitos, Interações infinitas... Conceber, portanto a vida no mundo como infinita. Atualmente, no cérebro humano "Infinito" existe somente como ideia, e, como resultado, ausente no nível conceitual, entram nestes conceitos finitos que fornecem a imagem de tédio e inutilidade de uma vida infinita.

Isso acontece porque a vida levada ao infinito é atualmente percebida como sendo repetitiva e, portanto, inútil. Com a introdução do conceito de infinito e, especialmente, com a consciência de tal conhecimento, dada pela introdução da relativa imagem no cérebro, é possível alargar os próprios horizontes e começar a abandonar a imagem do finito que permeou até agora a vida humana na Terra, e deu origem à dualidade e a contraposição.

Até agora, o cérebro humano somente pensou no infinito, o possuiu como pensamento, mas nunca o levou para o mesencéfalo e para o tronco encefálico para que ele se torne parte de si mesmo. A falta da imagem de infinito no cérebro dos seres humanos é devido à presença de imagens adquiridas e não inatas de tempo linear. É a linearidade do tempo que leva em si mesmo a implicação de finito. O tempo linear corresponde, de fato, à imagem de uma linha que tem um ponto de início e um ponto de fim e que existe graças a uma sequência de pontos cuja união forma a própria linha. Portanto, a linha de tempo contém em si a ideia de progresso e consequencialidade. Nesta tudo o que existe é uma continuação da etapa passo a passo e há necessariamente um começo, um desenvolvimento e um fim.

Tudo o que caracteriza a vida dos seres humanos na Terra, teve nos últimos milênios este tipo de concatenação.

Assim, de acordo com a presente Convenção, os seres humanos nascem crescem, envelhecem e morrem, de acordo com uma sequência fixa de pontos de concatenação, ou seja, de acordo com uma sequência de tipo linear. Da mesma forma, as coisas, situações, animais, e tudo o que pertence ao mesmo plano da existência humana segue a linearidade temporal. Por esta razão, cada vez que nos relacionamos com o cérebro humano, devemos seguir a mesma linearidade e avançar passo a passo. Para ter-se um exemplo prático do que se está dizendo, basta olhar o presente escrito. Neste tem uma importância fundamental de colocar uma palavra atrás da outra, construir frases de tal maneira que a partir de um conceito pode-se passar para outro de uma forma linear e, em seguida, de um argumento a outro sucessivo, numa sequência progressiva de modo que a estrutura final obtida seja um livro que tem um início, um meio e um fim e que pode ser considerado completo em si. O cérebro humano é tão habituado a fazer isso, que no exato momento em que concebe a ideia de criar qualquer coisa já estabelece a priori que vai ter um começo, um meio e um fim. Isto é o que acontece sempre e será compreendida melhor no parágrafo dedicado à explicação do "projeto-senso" no qual se indica na perda do sentido original do fim de qualquer coisa. É fácil entender que o motivo disso acontecer é a existência do conceito de tempo linear.

A linearidade do tempo é, portanto, o que tem influenciado o modo de desenvolvimento da vida na Terra nos últimos milênios. No futuro imediato, no entanto, após a passagem para a nova rede e, em seguida, para a multidimensionalidade, o conceito de tempo linear perde sua razão de existir, e os seres humanos terão que aprender a viver no "tempo circular".

O que significa a definição de "circular", é a do "tudo". Tudo acontecerá contemporaneamente e a necessidade da sequência será menor. O ser humano vai fazer pleno uso do seu potencial e poderá, por exemplo, compreender conversas inteiras, ao mesmo tempo, sem ter de ouvir a sequência de palavras soletradas, uma por uma.

Numa dimensão onde tudo acontece ao

mesmo tempo e tudo está no infinito presente, o ser humano vai se adaptar ao seu modo de percepção com a finalidade de estar na infinita contemporaneidade. Mas o ser humano já é capaz de fazer isso. O Universo, infinito, imensurável e surpreendente, já se preocupou em equipar os seres humanos com a capacidade de aprendizagem e compressão do tempo circular. Cada pessoa tem, de fato, a habilidade inata para entender a música e a arte. Estas são duas disciplinas que só existem no tempo circular, e que, homens considerados extraordinários - músicos e grandes artistas de todos os tempos - foram capazes de entender e levá-las ao tempo linear.

Isto é o que acontece por exemplo com a música: mais apreciada pelo cérebro humano quando cheio de notas e instrumentos que tocam contemporaneamente; com a arte: aquela pictórica na qual a presença de infinitas cores misturadas e amalgamadas de forma harmoniosa afeta o imaginário humano criando emoções; com a poesia: na qual a musicalidade do verso encanta a mente do ouvinte, mesmo quando eles não seguem uma sequência lógica ou quando se fecham firmemente na contração da frase, que perde o sujeito ou o verbo na maior anarquia das regras da gramatica; com a literatura e com tudo o que se pode de definir arte. O cérebro humano é capaz de compreendê-la num nível profundo. O artista sendo privilegiado em estreita ligação com o conhecimento universal, captura a harmonia infinita no tempo circular levando-a, com capacidade inata, ao tempo linear, na qual qualquer pessoa é capaz de entendê-la.

Os seres humanos, todos, sem exceção, nascem, portanto, já preparado para a vida no tempo circular, desde sempre.

Neste momento da passagem da grelha, verifica-se, no entanto, que alguns nascem totalmente preparados para a vida em multidimensionalidade e que não são capazes de mediar entre tempo linear e tempo circular. Muitas vezes, até mesmo os grandes artistas não conseguem viver em um mundo linear fora da sua própria arte. Pode-se dizer que essas pessoas vivem sempre em uma dimensão musical, que embora harmoniosa e satisfatória, colide com a realidade circundante ainda imerso na linearidade do tempo. Assim, é essencial aceitar antes de tudo a estrutura antiga, ligada aos conceitos de finito, a sequência linear, tempo e espaço, que ainda permanece na realidade humana. Só depois de aceitar e reconhecer a velha estrutura, se pode continuar a integrá-la, ensinando àqueles que estão no tempo linear para viver bem também no tempo circular, e ensinando aos "cristais" a viver bem também no tempo linear. Isto pode ser conseguido através da ativação em particular, nos primeiros, as memórias, que lhes permitem perceber a circularidade, em especial, através da música e da arte, enquanto que com o segundo tipo será necessário interagir com as memórias genéticas herdadas de seus antepassados, que viveram no tempo linear. Simplesmente com a ativação das memórias, consegue-se garantir que todos possam continuar a mudança da grade sem qualquer trauma ou desajustamento, e ter a capacidade de lidar com todas as situações que se possa apresentar na Terra, após a transição para a multidimensionalidade.

2. A Malha Antiga.

○ A "malha antiga" corresponde ao que até agora foi definido também como "velha grade" ou "old grid/rede antiga". Esta é a velha vibração pertencente a cada pessoa e intimamente ligada à Terra. Diz-se que, devido à diminuição da rotação da Terra sobre seu eixo, a rede de energia eletromagnética produzida por ela e por todos os seres vivos nela presente, está abrindo, porque a velocidade de rotação não permite mais a coesão na rede com a mesma intensidade anterior. Como já foi dito, pelo menos, um dos componentes da velha grade eletromagnética, ou seja, o transcorrer do tempo, esta imperceptivelmente se modificando, justamente por causa da falta de Coesão. Estes elementos de mudança estão modificando também os sentimentos das pessoas e, especialmente, a expressão própria dos sentimentos, uma vez que estes não são nada mais do que energia eletromagnética produzida por trocas químicas no interno das células humanas.

Com isso, é fácil deduzir que a mudança dos sentimentos e, portanto, de trocas químicas, está mudando o DNA humano. Através do caminho da consciência Delta, pode se acelerar - a nível pessoal - este "processo" natural chegando a mudar conscientemente a própria vibração eletromagnética e a sua realidade. O que significa mudar seu DNA e em seguida, a sua própria materialidade. Para todos os seres humanos, este é o tempo de se livrar completamente e fechar completamente a sequência emocional deixada aberta na "velha grade". Passando para a vibração facilitada pelo uso da Lei do Delta muda-se também a química interna do indivíduo, e, em seguida, a sua vibração eletromagnética. Este tipo de mudança, o leva naturalmente a desprender-se do padrão antigo, tanto que será possível vê-lo a olho nu. Uma vez aumentadas às próprias vibrações, pode-se olhar para o espaço à sua frente, e ver a "velha rede", como olhar dentro de um microscópio, corpúsculos vivos e em movimento, suspensos no ar. Estes são muito espaçados entre eles e propriamente posicionados como se fossem restos de uma linha de conexão que criava originalmente uma grelha muito grande. Para concluir um caminho de consciência e abandonar finalmente a velha grade, ou seja, velhos conflitos, velhos comportamentos, velhos hábitos, enfim para a velha vida é necessário livrar-se destes resíduos. Quando a velha grade estiver completamente removida, o Salto Quântico será concluído e estar-se-á na nova realidade criada, e essa não se interromperá nem pode ser interrompida, independente do que se faça daquele momento pra frente.

3. O Universo e os Planos Dimensionais da Existência.

Nessa altura, é necessário entender qual é a estrutura do Universo no qual se encontram os seres humanos.

No estudo da física, já no início do século passado, formou-se uma teoria, chamada a teoria das cordas. Esta surgiu a partir da necessidade de combinar os princípios da Mecânica Quântica com aquelas ditas da Relatividade Especial.

Num certo ponto da pesquisa relacionada com a descrição dos assim chamados "processos de colisão" entre as partículas de matéria, que têm um papel fundamental, tanto do ponto de vista experimental que teórica na física de partículas elementares, e que são os meios primários para o estudo das interações entre eles, a Mecânica Quântica apresenta novos elementos. Ela reconhece aos dois tipos de partículas, chamadas respectivamente férmions e bósons, propriedade ondulatória, bem como corpuscular. De uma forma muito breve, pode-se dizer que esta é a principal razão pela qual desde o fim dos anos 20 do século passado, se levantou com crescente insistência o problema de uma forma sistemática para combinar esses novos princípios com a relatividade especial.

Neste propósito, a Teoria Quântica dos campos consegue já que percebe a dualidade onda-partícula, combinando as partículas aos *quanta de energia* dos campos correspondentes da onda; por exemplo, os fótons estão associados aos quanta do campo eletromagnético. Assim, torna-se evidente a absoluta identidade de todas as partículas do mesmo tipo.

Experiências subsequentes demonstraram que as poucas partículas que compõem a matéria - elétrons, prótons e nêutrons - são acompanhados por muitas outras partículas, a maior parte das quais instáveis. A partir dos anos 30 tentou-se várias vezes se chegar a uma teoria de todas as partículas elementares.

Nesta pesquisa, introduziu-se o que se chama Teoria das Cordas. Este parece s e r o "trait d"union" - elo de união - que os cientistas procuram, mas requer, pela sua c o nsistência cerca *vinte e cinco dimensões espaciais*, em lugar das três da experiência cotidiana.

Ao interpretar a Teoria das Cordas como base para a unificação da gravidade com as demais interações fundamentais, tornou-se necessário, portanto, anexar à percepção humana um universo com três dimensões espaciais. Através de verificações sucessivas, chegou-se à conclusão de que o Universo poderia conter algumas dimensões que se cristalizaram a nível microscópico nos primeiros momentos da expansão cosmológica, mas seja a Teoria da Relatividade Geral que as teorias das cordas não são capazes aparentemente de fornecer razões pelas quais isso aconteceu.

Atualmente, a investigação científica neste campo é orientada precisamente para este objetivo que levará a entender mais se existem realmente, no Universo outras dimensões, e porque estas foram cristalizadas a nível microscópico.

Pessoalmente, não tendo uma especifica formação científica, não tenho nenhuma dificuldade em admitir a existência de outros vinte e dois planos dimensionais diferentes daqueles por nós conhecidos através da corporeidade. Então, exatamente aquelas que são as razões de impedimento para os cientistas aplicarem a Teoria das Cordas, ou seja, a coexistência de vinte e cinco dimensões espaciais e as diferentes vibrações da matéria que torna instável infinitas moléculas diferentes que formam a matéria, ao invés, são para mim a estrutura da realidade. Diante dessa premissa, ao fim deste livro, é preferível deixar aos cientistas e às suas pesquisas a descoberta das razões pelas quais outras dimensões além das conhecidas sejam contidas no Universo e levar a atenção para o potencial e a modalidade de uso ao fim da vida prática dos seres humanos, em todos os planos de existência dimensional. Do caminho de conhecimento traçado até agora, estou certa que existem no nosso Universo pelo menos vinte dimensões espaciais ou Planos de Existência Dimensionais. São vinte diferentes planos nos quais cada coisa, cada ser, existe de acordo com uma modalidade diferente. Portanto se, por exemplo, nos três planos dimensionais vulgarmente conhecido, um ser humano existe a nível Corporal, Sexual, Intelectual e Emocional, em outros planos dimensionais, passará a existir a Nível Espiritual- Emocional ou Espiritual-Intelectual, etc. O que é certo é que o ser humano existe a nível de ondas Delta em todos planos dimensionais, sem exceção. Portanto estes planos podem ser ditos Planos Dimensionais de Existência para os seres humanos.

Pode-se dizer em geral que o "Universo" onde estamos, é formado por vinte planos de existência, dos quais apenas três incluídos dentro das Convenções espaço-temporal humano, e perceptível através dos cinco sentidos e do uso de ondas cerebrais beta e alfa, enquanto outros dezessete perceptíveis e atingíveis através de ondas cerebrais mais profundas, e especificamente até o sétimo Plano Dimensional de Existência, através das ondas Theta e do oitavo ao vigésimo Plano Dimensional de Existência através das ondas Delta.

A passagem da parte "material" dos primeiros três planos de existência, da tridimensionalidade à multidimensionalidade implica um aumento da vibração da matéria, que levará em particular o terceiro plano existência, no qual os seres humanos se encontram também a nível Corporal-Material, a evoluir para outros planos dimensionais, sem ter que deixar o corpo físico. A Terra se levará, portanto, à vibração máxima onde estão todos os outros planos, passando assim definitivamente para a vida na multidimensionalidade.

Nesta última serão tangíveis todas as dimensões, em simultâneo, e cada ser será percebido e perceberá imediatamente o "todo". O todo é constituído por infinitos Universos, que, dependendo do grau de evolução atingido, são divididos em um número sempre menor de Planos Dimensionais.

Já que Tudo é Um, além de nosso Universo outros Universos são afetados pela passagem da dimensão terrena. No que diz respeito ao especifico atual plano de Existência dos seres humanos, pode ser interessante saber que no momento atual, existem na Terra cerca de sete milhões e meio de pessoas que têm a tarefa específica de ajudar o mundo nesta passagem. Nem todas essas pessoas já estão conscientes de qual seja a sua tarefa, mas para muitos deles tem acontecido espontaneamente, especialmente nos últimos cinco anos certas conexões cerebrais permitiram-lhes a ter acesso nível conscientes a dados armazenados até aquele momento, em uma área quase inatingível de seus cérebros. As informações recém-descobertas trouxeram a essas pessoas uma maior consciência. Eles começaram de uma forma espontânea uma viagem, em busca daqueles que já são conscientes da tarefa, explicitando o pedido de serem ajudados a compreender. Esta população que já foi dito ser composta de cerca de sete milhões e meio de indivíduos não é distribuída uniformemente sobre a superfície da Terra, mas se concentra a mais em algumas partes do mundo, de acordo com a distribuição original dos que pertencem ao "Povo Antigo". A principal tarefa a que todos estes estão integrados, é ajudar a elevar a vibração da Terra, depois de ter se elevado a um nível muito alto. Para aumentar a sua vibração a um nível adequado, serão necessários que estas pessoas aprendam a usar de uma forma dinâmica, pelo menos, os primeiros doze Planos Dimensionais de existência do nosso Universo.

Com respeito a isso e como resumido a seguir, será possível deduzir as principais características dos vários Planos Dimensionais de Existência. É importante ressaltar que quando se trata de dimensões e de Planos Existenciais indicando-os com números progressivos diferentes do terceiro, se faz apenas para dar o cérebro uma ideia de evolução, progresso e mudança.

O cérebro, de fato, através dos números bate em um ritmo de tipo linear, mas é claro que uma vez que você deixar o tempo linear, se está automaticamente na multidimensionalidade, pode se dizer que do quinto ao vigésimo, na realidade, não faz mais sentido.

É mantida, então, esta distinção apenas para facilitar o entendimento e distinguir as prerrogativas dos diversos Planos.

VII Plano Dimensional de Existência: aqui é possível sentir uma consciência instantânea do Todo. Tal estado de consciência permite a criação instantânea da realidade no plano físico de existência corporal ou, se preferir tridimensional. Tudo o que a mudança pretende programar em suas próprias vidas, será criado no sétimo Plano de Existência. Nesta dimensão, tem se o potencial de cura a nível físico e material, para si e para os outros.

No entanto, é ligada e está em conformidade com as leis de espaço e tempo presentes na dimensão humana, de modo que é expressa de acordo com o tempo e forma preconcebidos na mente da pessoa curada.

VIII Plano Dimensional de Existência: neste é possível criar a cura em todos os níveis do ser para sempre. Este Plano é mantido pela força da fraqueza, que é energia infinita em movimento. Representa aquilo que, ao longo dos séculos tem sido definido o Feminino Sagrado, o vácuo feito e compreendido na sua energia em movimento. A energia do VIII plano é visível como infinitos pontos de luz feitos de pequenas esferas e constituindo o elemento vinculante dos corpos de energia de todos os seres.

IX Plano Dimensional de Existência: neste você pode sentir a infinita percepção do Ser Divino como a consciência do Tudo.

X Plano Dimensional de Existência: representa o cancelamento do tudo na forma divina. Neste é visível a forma de cada coisa ou ser, correspondente invariavelmente a energia pura, luminosa e livre qualquer agregação.

XI Plano Dimensional de Existência: aqui é implementada a regeneração infinita e contínua da luz, o seja da Energia.

XII Plano Dimensional de Existência: esta é a porta de entrada para ser tudo o que se é. Antes de cruzar a Porta Sagrada, pode-se operar a nível máximo de energia, de transformação tendo ainda mais consciência do Plano de Existência tridimensional.

Uma vez que se passa através da porta, imerge-se no mundo da Alma, onde se é própria essência sobre a que se está trabalhando e essa é consciente apenas de si mesmo, nada mais lhe importa.

Passando pela Porta Sagrada do XII Plano de existência, se chega então ao lugar da Alma, onde se compreende que a própria alma é também Anima Mundi (Alma mundial), e esta tem um seu conhecimento diferente. O conhecimento da Alma é ser Tudo, cada coisa, cada criatura, cada átomo, e sentir aquilo com a autoconsciência, no final transformando-se naquilo. Não é o mesmo que sentir-se parte do tudo, mas é ser cada coisa, porque cada um é tudo.

Todavia no momento que se é aquela imagem, perde-se a percepção externa, por isso, é melhor trabalhar no limiar, ou seja décimo segundo Plano Dimensional de Existência, onde se mantém a percepção da realidade como externa a si mesmo, lá algo permite operar a cura através da conscientização do

Tudo e a forma mais elevada de adaptação. Por vezes, é necessário ir até o Mundo da Alma, para conhecer profundamente o que sente uma célula ou uma determinada parte do corpo, para perguntar como ela quer voltar a ser harmonizada.

XIII Plano Dimensional de Existência: é constituído, então, pelo Anima Mundi, conhecido em muitas tradições como Akashá. Aqui pode se sentir a Alma do Mundo que fala. Esta é sábia e sabe tudo o que é, foi e será de tudo e todos. Aqui pode se operar com qualquer Ser do mundo humano seja para aprender dele, seja para ajudá-lo. A partir deste plano, é possível curar tudo: a terra o fogo, o ar, a água, os seres humanos ou não, todos os Seres de luz. É possível restaurar o equilíbrio a tudo o que o tenha perdido.

XIV Plano Dimensional de Existência: é possível conhecer a grande Maravilha da Vida. Neste tudo flui como os movimentos de um rio de luz branca com ondas suaves e que lhes acalanta na vossa chegada. É fácil ceder a isso e as ondas lentas lhe relaxa imediatamente acalentando-os e levando-os numa parte ainda mais profunda do seu Ser. No rio pode se deixar para sempre todos os pensamentos, angústia, ansiedades e preocupações ainda presentes mesmo assim escondidos ou até mesmo adormecidos. Quaisquer pensamentos desagradáveis relacionados a qualquer nível da vida dos seres humanos podem finalmente ser abandonados e deixados aqui. A profundidade onde se pode chegar dentro de si neste Plano de Existência é tal que o corpo muitas vezes manifesta uma sensação de náusea. Temos que aprender a jogar no rio das possibilidades Quânticas cada coisa encontrada nas profundezas do próprio ser, como o rio de fótons que pode se ver nesta dimensão, não é outro senão que o Lete, o rio do esquecimento da Alma.

XV Plano Dimensional de Existência: onde os seres humanos podem existir, encontra-se o "Amor passional do Universo", que é a materialização e desmaterialização de tudo o que É.

A luz é branca e tem a forma de uma estrela. As franjas dos seus raios assumem tons dourados. Nesta dimensão se sente entrar no coração da luz branca da estrela. Dentro acontece a desmaterialização do seu ser, que se funde com luz e torna-se aglomerado de fótons brilhantes. Mesmo o contorno da forma humana se perde nesta dimensão, assim como o amor passional do Universo chega até quem é capaz de percebê-lo, tornando-o à sua imagem e semelhança. A vida mesma flui naqueles que sabem como chegar a esta dimensão de forma consciente.

A alma humana revive. Mesmo que estivesse dormindo ou apagada, mesmo que não tenha nunca estado no corpo, esta adquire vida.

XVI Plano Dimensional de Existência: é dado do amor desconhecido. Aqui também, será possível ver inicialmente uma estrela cuja luz branca com listras finas de sutis fios azulados e transparentes. A impressão é que o ar feito de luz está se movendo para encontrar os seres com um movimento ondulatório. Pequenas ondas de luz que fluem formando uma membrana vertical com respeito a cada ser. Esta realidade é feita efetivamente, por uma membrana dimensional que conduz à V Dimensão. Na verdade, o XII e XV Plano Dimensional de Existência encontra-se na IV dimensão espacial (um lugar fora do espaço tridimensional onde também é possível criar fisicamente) e temporal (a percepção do tempo daqueles que conhecem conscientemente os Planos dimensionais é diferente em relação a aquelas das pessoas não conscientes). Nesses planos de Existência se encontra, portanto, uma espécie de estado de transição.

Uma vez passada a membrana do XVI Plano Dimensional de Existência entra se na V dimensão.

Nos Planos sucessivos a este, até ao XX, é possível aprender a total multidimensionalidade, ou seja, o tempo circular e o lugar nenhum.

XVII Plano Dimensional de Existência: é o Mundo das Dimensões. Entra-se neste plano como vindo de um corredor brilhante, e quando se atinge, a luz é branca, brilhante, luminosa, mas não ofuscante. Não tem ninguém a não ser a consciência de si mesmo, mas pode se intuir, no entanto, a presença de infinitos seres com quem interagir. Aqui é possível interagir com os seres de todas dimensões, tanto da sua própria, quanto a de outros universos. Aqui estão o conhecimento e o estudo das tecnologias dos infinitos Universos, assim como no VI Plano de Existência encontram-se leis do próprio Universo.

Todas as tecnologias, quando estão em nível muito avançado, são Espirituais, e não mais materiais. Às vezes pode acontecer de intuir objetos feitos de luz e que emitem luz. Aqui pode se experimentar infinitas técnicas de cura especialmente a física e visando a criação do equilíbrio máximo. Será dado acesso a nível consciente deste plano, somente para aqueles que atingiram o ponto da viagem da sua própria evolução, após ter passado o limiar da multidimensionalidade.

XVIII Plano Dimensional de Existência: obtém-se a compreensão da Beleza infinita. Compreensão, amor e criação de Beleza. A beleza é infinita projeção de Infinito. Aqui é possível compreender a beleza do próprio objetivo de vida, assim que este seja imediatamente criado com beleza e na beleza.

XIX Plano Dimensional de Existência: tem-se acesso às infinitas possibilidades Quânticas. Na infinita luz branca é dado o vislumbrar em uma fração de segundo seres que de repente desaparecem. Cada um desses seres é um si mesmo do visitante. Trata-se deste numa de suas infinitas possibilidades Quânticas. Uma vez que se teve acesso a este Plano Dimensional pode-se pedir ver a si mesmo na possibilidade Quântica na qual se deseja viver e, em seguida, falar com ele pedindo para vibrar na sua mesma, intensidade.

Ou melhor, entrar em ressonância com esse - ou essa se apresenta-se na forma feminina - se é assim que você quer ser na sua nova vida.

XX Plano Dimensional de Existência: é o plano onde pode se escutar o infinito. Neste, o infinito fala e dá a possibilidade de ler tudo e todos em qualquer linha Quântica que estejam e em qualquer linha Quântica para onde possam se mover. Daqui também pode se ler com grande precisão as linhas Quânticas lineares, que normalmente não se mostram. Já que aqui ser infinito é saber cada coisa que aconteceu ou vai acontecer, em todos os lugares, para qualquer um, com extrema precisão.

Uma vez ter feito a viagem consciente, por todos

os Planos Dimensionais descritos e nos quais o ser humano é capaz de existir, percebemos gradualmente que quem se aproxima da percepção do Infinito, o cérebro lê o corpo também que viaja juntamente com a mente. Na verdade, do IV Plano de Existência até o XV viajam especialmente com a percepção da própria Essência, enquanto que a partir do XVI, no Plano de Existência também é percebido a presença do corpo, porque o cérebro tem aprendido naquele ponto, e as células aprenderam que o corpo é capaz de viajar junto com todo o Ser.

Além disso, enquanto que se entra conscientemente em todos os planos dimensionais, o conceito de divino como unitário, ou seja, formado por um Ser Supremo, torna-se cada vez mais distante. As células humanas sentem que tudo é permeado de todos, em qualquer lugar existe a essência de alguma coisa e não há fim para isso. Já não existe mais a ideia de um ponto de chegada, o desejo de conhecer "topo" distancia-se. Percebe-se claramente que no infinito tudo é infinito. A ânsia de ir sempre mais para o alto se interrompe. Inicia o novo caminho para entrar no infinito. Entrar no infinito numa forma finita, ou seja, com o corpo. Esta é uma grande novidade e refere-se às pessoas deste tempo histórico.

A Vibração Pessoal.

Esta é como uma rede que está ao redor e dentro de cada ser vivente e é devido ao campo eletromagnético produzido por cada indivíduo na emanação da sua própria energia de vital.

A Vibração Pessoal se conecta com um campo eletromagnético muito maior produzido pelo conjunto de coisas, pessoas, elementos que simplesmente o chamamos de nosso Universo, que se integra bem com o que eu defino a emanação total, que é a expressão do próprio Universo.

Para descrever a maneira pela qual o cérebro humano é capaz de visualizar Vibração Pessoal, pode se pensar num mapa mundi onde meridianos e paralelos são uma textura muito espessa e compacta, que cria o próprio globo. A figura esférica que si cria neste modo está posicionado em volta do Ser que a emana, dentro de cerca de dois metros do corpo físico, que resulta assim envolto desta porém livre para se mover dentro desta.

Em cada ponto de intersecção de tais meridianos e paralelos existe algo que do ser que a emana, portanto cada ser está dentro do globo e é o próprio globo. Em outros termos, esta rede compacta que está ao nosso redor, é o que simplesmente se acostuma definir como dimensão espaço temporal.

Isto significa que os meridianos e paralelos que compõem a Vibração Pessoal, são compostos por dois elementos: o espaço e o tempo, e que os pontos de luminosidade que são criados nas intersecções destes elementos não são nada mais do que o cruzamento espaço temporal.

Como já mencionado tudo o que diz respeito a seres humanos pertence a um nível especifico de um determinado Plano Dimensional de Existência. Por exemplo, o dinheiro, o trabalho, a relação sentimental ... pertencem cada um a um nível especifico, e cada um deles cai em um determinado ponto intersecção do espaço temporal da Vibração Pessoal que envolve cada indivíduo.

Mas como referiu-se, que em cada ponto de intersecção da Vibração Pessoal tem algo do próprio ser, é fácil entender que os pontos de luminosidade são as partes do ser que estão sempre no lugar certo na hora certa!

Esta é uma coisa lindíssima, porque confirma mais uma vez que todo o ser humano é artífice da sua própria realidade, como todo mundo se encontra sempre exatamente no melhor lugar e tempo para si mesmo, ou seja, se tirarmos as convenções de espaço e tempo, se está no "aqui e agora".

Assim, até mesmo criar instantaneamente a sua própria realidade é uma prerrogativa de cada indivíduo. Na verdade, uma vez visualizada a Vibração Pessoal, basta observar, com a utilização das ondas Delta, a si mesmo projetando-se com todo o próprio Ser, inclusive o corpo físico, naquele particular ponto brilhante da Vibração Pessoal, realizando o que de si mesmo está naquele ponto.

Para dar um exemplo prático, se alguém quiser criar a melhor realidade para si mesmo em matéria de relacionamento sentimental, pode ir à sua própria vibração - através do uso consciente das ondas Delta - e buscar nela o ponto brilhante onde encontra a sua relação e a maneira pela qual ela é mais adequada para as suas necessidades. Portanto adquirir, plena e conscientemente, a imagem do que para si é o melhor relacionamento, de acordo com a sua estrutura e as suas próprias necessidades pessoais. Uma vez que isto é feito, o próximo passo é o de projetar aquela imagem na área dos seus lobos frontais e trazê-lo para sua realidade imediata. Trata-se de projetá-lo em seu próprio espaço, atraindo em sua vida a melhor pessoa para si mesmo, que lhe consente de satisfazer de relacionamento sentimental, encontrada na sua própria vibração.

É indispensável ter dentro de si a imagem das

coisas, porque sem isso o cérebro não sabe o que procurar, mas é certo que a imagem de tudo, está presente na Vibração Pessoal de cada indivíduo, mesmo que ele não possa estar presente no cérebro do próprio indivíduo. Este fenômeno é devido à característica holográfica do Universo, o que significa que tudo está no tudo, por conseguinte, cada imagem já esteve presente no cérebro humano, e se este, por causa de um conflito em particular, perdeu alguma, estas não são perdidas totalmente, mas se encontram em certos pontos de cruzamento espaço-temporal da Vibração Pessoal. Então, quando se conhece a imagem de uma coisa, de um sentimento, de uma emoção, de um símbolo ... pode-se criar na própria realidade, porque existe na memória. Isto significa que uma vez que se encontra uma imagem ausente, isso ativa a memória celular já contida no DNA, tornando-a real. Isto é despertar algo já existente, mas perdido no seu significado ou no seu uso, a partir do cérebro.

A partir este ponto de vista as palavras dos textos antigos, que mostram o conhecimento de que Deus criou o homem à sua imagem, podem ser interpretadas da seguinte forma: o Universo criou o ser humano de acordo com a imagem que ele tinha, ou seja, de acordo com a imagem que estava presente na emanação total. Isto implica que, pelo princípio holográfico do

Universo, segundo o qual os seres humanos são eles próprios pequenos universos, estes são, portanto, capazes de recriar a realidade, uma vez que tenham a imagem. Recriadores, então, porque a memória do ato de criação já está presente nas células de todos desde sempre, pois nasceram de um ato de criação feito pelo Universo. Ainda mais sinteticamente, podemos dizer que os seres humanos são criadores porque foram criados.

O quanto foi dito até agora sobre a Vibração Pessoal, é válido especialmente na "velha rede", mas o modo de aquisição da imagem e da projeção da mesma ao cérebro é igualmente utilizável na "nova rede". Nesta a Vibração Pessoal continua a existir, embora seja um pouco diferente e apresenta-se com o cérebro humano como uma rede menos densa feita de fios sutis de fótons, e através da qual é possível fazer o Salto Quântico. Na verdade, a emanação pessoal não muda, mas muda a maneira pela qual se percebe, uma vez acabados os conflitos.

5. A Vibração Universal.

A Vibração Universal, é a soma de todas as emanações dos seres do Universo. Utilizamo-la para abrir aqueles que eu defino "Star Gate" ou Porta para as estrelas, Espaço-Temporal. A abertura destes "portões" permite o conhecimento do próprio projeto-senso e do próprio objetivo de vida dentro do Grande Plano do Universo. Assim como a Vibração Pessoal, a Vibração Universal também se configura para o cérebro humano como uma esfera composta de círculos horizontais e verticais que se intersectam, e por sua vez são formados por sutis quanta fotônicos que dão a estes "meridianos" e "paralelos" a característica da luminosidade iridescente.

Os fótons que criam os meridianos são a vibração eletromagnética da própria luz, os fótons que criam os paralelos são a energia produzida pelos Planos Dimensionais de Existência, enquanto os pontos de intersecção entre os planos e vibrações são definidos por "pontos de intersecção dimensional." Nos pontos de intersecção dimensionais encontram-se imagens de tudo o que está no Universo incluindo imagens que nunca estiveram no cérebro humano, como a imagem de infinito ou outra semelhante. Quando dizemos que certas imagens nunca estiveram no cérebro humano, na realidade, queremos dizer que já não estiveram presentes por vários milênios, a ponto de ter sido também excluída da Vibração Pessoal dos humanos bem como do próprio cérebro. Através do uso consciente da Vibração Universal é portanto, possível projetar no cérebro humano estas imagens, de forma tal, a permitir a expansão da consciência para além dos limites até então impostos pelas convenções de espaço e tempo, que têm em si a própria convenção de finito.

A expansão da consciência é muito importante para todos os seres humanos, porque, desta forma, eles são capazes de acessar e, especialmente, de acelerar a "transição para a V dimensão".

6. A Imagem Cria a Vida.

No princípio era o verbo.

Este é o início do Todo. Esta frase aparece nos mais importantes textos antigos ocidentais e orientais. Em várias formas, parafraseando ou como parábolas desde sempre o que dizem os textos sagrados é que a realidade é criada com as palavras. Cada vez que se utilizam palavras, os seres humanos estão, portanto, criando a sua própria realidade.

Na verdade, as palavras ditas são, no cérebro humano, associadas com imagens, e que o cérebro conhece e que começa a torná-las reais imediatamente.

A vida, como a conhecemos, é, então, a emanação do Verbo, é o reflexo disto na vida real é a imagem.

Por conseguinte, a vida de um indivíduo depende da imagem que ele mesmo tem, e das palavras que ele usa para defini-la.

Então, se ele quisesse mudar a própria vida, ou partes dela, seria suficiente mudar a imagem que dela tem, dando assim a imagem de vida que gostaria de ter. Devemos, portanto, ser capaz de criar a "nova" imagem. A respeito disso deve-se ressaltar mais uma vez que qualquer imagem não é e nunca nova para ninguém, porque no cérebro existe a imagem de tudo o que está no universo, e isto é devido ao fato de que o universo é holográfico. Então, tudo está em tudo. No entanto, geralmente, tem-se consciência de apenas uma porção das imagens contidas no cérebro, e isto é porque se utiliza apenas uma parte do cérebro, o que corresponde, em média, como já foi salientado, a 5% do o seu potencial total.

Mas quando se começa a usar a nível consciente partes sempre mais consistentes do cérebro, então se pode ter acesso ao que é definida como Vibração Pessoal, que contém tudo o que é por si só, sob a forma de imagens.

Foi dito que ter acesso à Vibração Pessoal significa ter acesso ao campo eletromagnético emanado por cada Ser e que é dado pela vibração da própria matéria do qual é composto, ou melhor, a partir da vibração das ligações químicas e nucleares que mantem juntos as moléculas de que, por exemplo, o corpo humano é composto.

Então, foi dito que, ao interagir com a vibração e entrando nela, pode-se escolher qual imagem que se quer levar ao nível consciente no próprio cérebro, para que a realidade comece a parecer com a imagem escolhida.

Também se diz que a vibração é a imagem do todo, e que sempre que o cérebro reconhece a imagem de alguma coisa, começa a criá-la. Então pode se dizer que para mudar a própria realidade, basta somente utilizar imagens diferentes daquelas que foram utilizadas até agora. Tal capacidade, no entanto, pressupõe duas opções fundamentais:

a) A decisão de usar o maior percentual possível do potencial do cérebro, e;

b) A escolha de procurar e encontrar no todo, a imagem de beleza.

O segundo ponto, em modo particular, mudará a vida das pessoas. Porque a beleza está em tudo e se for capaz de reconhecê-la, então se poderá atingir a Energia infinita do Universo elevando a sua própria vibração.

7.   A Imagem de Beleza.

Além de qualquer metáfora cultural de estilo e cognitiva, na evolução Delta é de particular importância à beleza e à juventude do corpo, ou seja, a forma física, que é a modalidade de existência no III Plano Dimensional, aquele que definimos o nosso mundo.

Tem-se dito que a beleza está em tudo, e que se os seres humanos conseguem absorvê-la, então serão capazes de obter a Energia infinita do Universo e, consequentemente, são capazes de elevar as vibrações.

O conceito de beleza como forma do divino, ou - se preferir dizer em termos de energia - como forma de energia vibracional máxima, está presente na memória biológica de todos os seres humanos. Na verdade, em toda a história antiga da humanidade a beleza é reconhecida como o intermediário entre humano e o divino. Se for pensar, por exemplo, ao mito da Grécia clássica, Elena, que representa o arquétipo de beleza na expressão da sua imensa energia seja de criação que de destruição, é uma semideusa filha de Zeus e de uma mortal, a significar que quando se tem a beleza, vê-se a beleza ou simplesmente se imagina a beleza, já se está no plano divino. A beleza é o que aproxima o homem a Deus, então, visto que se pode distinguir a beleza se cria harmonia e equilíbrio.

Chegando a um certo grau de evolução, a beleza é um movimento da Alma, é a iluminação que se reflete no corpo. É a consciência de que materializa tornando-se visíveis a o olho humano através da beleza do corpo físico. Não se Pode haver iluminação, consciência, evolução espiritual, sem que essa resulte em beleza física, porque só assim ter-se-á acesso à unidade, somente neste modo se é Um com o Universo, na verdade somente desta forma é um Ser completo e supera o dualismo e, portanto a contraposição. Apenas desta maneira se está, de fato em harmonia consigo mesmo. Uma vez que o indivíduo é capaz de encontrar a beleza em seu interno, e levar a imagem para o cérebro de forma consciente, então terá acesso à energia do Tudo e elevará suas vibrações.

Isto significa que a energia eletromagnética emanada do corpo vibrará com vibrações mais altas e fará com que o nível de Vibração Pessoal seja acessível a níveis conscientes em partes sempre maiores.

O que foi dito e repetido até aqui é que levando imagens diferentes ao cérebro em nível consciente, pode-se mudar a própria vida. Se isto é verdade, também é verdade que levando ao cérebro a imagem da beleza do corpo físico, este começará a elevar as vibrações em todo o ser, porque para o princípio holográfico e para o princípio de unidade, o cérebro vai perceber a beleza do corpo físico, como a beleza do Universo.

E assim é, de fato.

O conceito de beleza é o tema condutor de toda essa pesquisa.

A beleza é o que aproxima o homem da sua parte divina, e já que se pode distinguir a beleza ele é capaz de criar harmonia e equilíbrio. O mais importante é que a beleza está em cada um, assim como é, portanto, um Ser perfeito como tal.

Cada um diferente do outro, cada um único em si mesmo.

Capítulo IV

O CÉREBRO NA REDE ANTIGA

Para poder ir além de alguma coisa, qualquer coisa, é necessário aceitar plenamente o que esta coisa é, em todas as suas formas e manifestações. Assim, para poder viver entre os mundos antes de mais nada deve-se estar pronto para viver no mundo. Aceitar, depois de ter totalmente compreendido, as regras e as facetas até nas suas pequenas contradições. Só assim se pode começar a entender a essência e natureza, para começar a viagem para ir além. Estamos aqui agora e precisa-se de viver o que nos é apresentado, até o fim. Nós o aceitamos quando nascemos e é necessário que o aceitemos sempre, enquanto estivermos aqui.

Não se pode trabalhar bem para algo que não se aceita e não se compreende, portanto, antes de tudo, temos de aceitar a nossa realidade humana e terrena e vivê-la plenamente. Deve-se primeiro compreender em profundidade a tarefa que nos foi confiada pelo Universo aqui e agora, e só então se pode continuar a viagem. Se antes não se fizer isso, tudo que irá acontecer será somente uma tentativa desesperada de fuga do presente. Sempre que se tentar fugir da realidade, vamos morrer a qualquer nível, seja esse intelectual, espiritual, emocional ou corporal. A morte é apenas a maneira mais fácil que temos para nos afastarmos do que nós não aceitamos, e antes de tudo por nós mesmos.

Existe um estado intermédio, antes que se passe da vida para a morte, e este estado é o que é chamado de doença. Quando neste livro se fala sobre a doença, não significa apenas a doença física, mas todo o estado de desarmonia, em qualquer nível, que crie problemas na vida das pessoas. A doença é falta de harmonia.

É necessário entrar em sintonia e em harmonia com o nosso Universo, porque falta de harmonia, em qualquer nível que seja, corresponde à doença. A cura é estar em harmonia com o universo, estar em harmonia com o Todo, ser consciente de si mesmo. A cura é o início do Caminho, e para percorrê-lo é necessário ter um conhecimento profundo de si mesmo.

Para promover este passo importante e fundamental na evolução, no próximo capítulo introduziremos os temas relacionados ao comportamento biológico do cérebro humano e às modalidades individuais de resposta às influências externas, dando assim ao leitor as primeiras ferramentas úteis.

1. Funcionamento do Cérebro Biológico.

Já que se deve ocupar antes de tudo, para trazer a nível consciente as respostas automáticas contidas no cérebro, biologicamente herdadas ou aprendidas através de modelos comportamentais, mas em todo caso provenientes do esterno, é importante fazer uma introdução para explicar esquematicamente o funcionamento biológico do cérebro humano e o automatismo das respostas dadas por cada indivíduo aos estímulos externos.

Deve-se, no entanto, notar que, levando em conta o comportamento biológico do cérebro humano como foi conhecido até agora, o objetivo da Lei do Delta é dar respostas que levarão o cérebro a desenvolver potenciais até então desconhecidos, ou melhor, inativos, o que dará origem a comportamentos diferentes do próprio cérebro que já não respondem mais às leis biológicas até então conhecidos. No entanto, como já foi dito, para evoluir tem-se que saber exatamente o ponto de início, especialmente a evolução biológica do cérebro humano, que será descrito mais adiante.

O Tronco Cerebral ou Tronco Encefálico, chamado

também de "cérebro réptil" parece ter sido o primeiro a aparecer na evolução, sendo assim o cérebro evoluído em todas as espécies animais, sem exclusão nenhuma.

Também é definido como cérebro automático, porque ele não pensa. Através das informações contidas na parte mais antiga do cérebro é assegurada a sobrevivência do ser humano, isso é o que acontece com todos os outros animais, já que todos, indistintamente, são dotados de tronco cerebral.

As informações contidas no mesmo correspondem aos princípios fundamentais da vida no plano corporal/material, que são válidos até hoje. Podem-se resumir em três grandes grupos nos quais as dinâmicas são expressas respectivamente sobre a relação existente na natureza, entre predador e presa, reprodução e sexualidade, alimentação e nutrição. Qualquer problema do ser humano, em qualquer nível, é biologicamente detectado no interno de um ou mais grupos da dinâmica descrita acima. Este primeiro cérebro primitivo programado apenas para comer, defender-se do ataque, respirar, reproduzir, permitiu a sobrevivência da humanidade. Diz-se que não pensa, e é definido como automático, de fato possui um sensor, um tipo de alarme que desencadeia todas as reações de sobrevivência. Este sensor é, portanto automático. É indispensavelmente automático porque nesta parte do cérebro existem reações básicas que devem se ativar instantaneamente para a própria sobrevivência.

O Mesencéfalo: é um cérebro mais desenvolvido e surge na evolução num momento posterior. Encontra-se presente em todos os animais, exceto répteis, e sua principal tarefa está relacionada à gestão de todas as emoções.

Na evolução, a aparição ou surgimento deste cérebro distingue a transição para a fase seguinte. Pensa-se, por exemplo, nos mamíferos que vivem em rebanho, pode-se compreender como a evolução desta parte do cérebro caracteriza a transição a partir de uma precedente situação individual, na quase total ausência de inter-relações, para uma situação em que se cria uma escala de valores e relações, o rebanho ou a manada, então. Mas a característica real de esta parte do cérebro humano é o surgimento de emoção.

Neste ponto da evolução, com este cérebro tem-se acesso à emoção e se forma a emoção e o instinto de fuga.

Além disso, existe uma área deste cérebro que controla as respostas automáticas aprendidas ao longo da evolução humana e que, nesta área são coletadas e transmitidas. É como uma espécie de arquivo no qual são armazenadas todas as respostas aprendidas pelo mesmo ser humano ou por seus similares antes dele. Trata-se de respostas destinadas a resolver qualquer situação contingente e cada estado emocional. São definidas automaticamente, porque o cérebro humano é capaz de fornecer de imediato, sem ter que atravessar o raciocínio. O mesencéfalo, em virtude das suas memórias, é capaz de transmitir, além da simples necessidade, também a emoção, ou melhor, o desejo relacionado a tal emoção. De fato, como já foi dito, no tronco encefálico a necessidade se reduzia a "nutrição", no mesencéfalo, este é desenvolvido e acomunado com as emoções e expressa na forma de desejo por um tipo bem definido de alimento. No mesencéfalo estão também todas as crenças, as coisas que são aprendidas de fora.

O último na ordem de tempo, na evolução do ser humano, parece ser a área do cérebro chamada de *Córtex Cerebral*. Esta parte é individual e todos os comandos que nela estão correspondem aos problemas relacionais e, portanto, inerente à ideia de individualidade. Esta representa a parte mais recente do cérebro humano e é a sede do pensamento e aí que está comumente definida a racionalidade. De fato, a capacidade de pensamento apareceu por último, isto foi quando a raça humana aperfeiçoou a capacidade de prever. Num certo ponto da evolução, o homem-caçador não podia não pensar, porque não era suficientemente forte e rápido em comparação com os animais que caçava, por isso a melhor maneira de compensar estas falhas na sua estrutura física, era conseguir prever os movimentos e comportamento de sua presa. De acordo com este ponto de vista, podemos dizer que, inicialmente, o pensamento pode ser assimilado como uma forma adicional que permitiu aos seres humanos sobreviverem e que só mais tarde se desenvolveu no modo refinado e maquiavélico conhecido por nós, graças ao desenvolvimento do córtex e mesmo dos lóbulos frontais.

2. As Necessidades.

Agora que se conhece, em linhas gerais a estrutura do órgão que é o principal protagonista da pesquisa, pode-se começar o caminho da conscientização. Para tomar o caminho do autoconhecimento, antes de tudo é necessário estar ciente de quais são as próprias e reais necessidades. É essencial saber quais são as necessidades que fazem parte de si mesmo e da própria estrutura e singularidade.

São aquelas necessidades que quando são satisfeitas levam à total e perfeita harmonia de si mesmos.

Muitas vezes, essas necessidades não são satisfeitas pelos indivíduos porque não correspondem ao que ele tem aprendido, nem ao que eles foram levados a acreditar que são as necessidades de todos, isto é, não corresponde ao que diz a publicidade, a cultura, a tradição, o ambiente social em que se vive, as crenças, as memórias biológicas herdadas, as sequências emocionais não concluídas pelos seus ancestrais ... então, o indivíduo não satisfaz as suas necessidades por causa das crenças que tem, das coisas que aprendeu com a família ou da sociedade, ou que tenha herdado de seus pais e eles dos seus ...

As pessoas são diferentes e têm desejos diferentes, as prioridades não são as mesmas para todos, por isso é necessário conhecer bem a si mesmo e às próprias necessidades antes que se possa chegar a criar a sua própria realidade.

Embora seja entendido que a felicidade é possível para todos, que não há senso no modo de pensamento herdado segundo o qual no mundo tem-se que sofrer, para que você possa ter o que deseja ... é necessário ter atenção e evitar continuar a cometer erros pensando que o que se quer ou o que se precisa é igual para todos. Porque isto estaria no sentido oposto, o mesmo erro cometido até agora e que tem levado à infelicidade: pensar que somos todos iguais.

Criar a própria realidade significa satisfazer as próprias necessidades, porque são estas que geram os desejos. Por isso, se cada um olhar bem dentro de si mesmo, descobrirá, por exemplo, que nem todo têm a necessidade de possuir um iate ou carros de luxo, existem outras pessoas que têm necessidades diferentes. Se refletirmos sobre isso compreenderemos porque não podem funcionar as receitas fáceis de felicidade em que todo mundo pode ser um milionário, nas quais todos fazem novamente a mesma vida de todos. Não pode funcionar simplesmente porque seria repetir o padrão da homologação.

Em outro nível, mas sempre o mesmo padrão. Assim, a maioria das pessoas vão se sentir frustradas por não conseguir se tornar um milionário e não perceberão que isso não acontece, somente porque não o desejavam realmente. Ou seja, não sentem uma necessidade tão forte o suficiente para se transformar em desejo, mas simplesmente tentam se comparar aos outros. É bom ter sempre presente que quando se tenta homologar as próprias necessidades com a dos outros, não se satisfazem às próprias necessidades efetivas e então se entra automaticamente no conflito. Conflito significa perder harmonia consigo mesmo e com o Universo. O conflito é portanto a falta de harmonia que conduz à doença. De qualquer tipo que seja, que seja doença física mais ou menos grave ou doença mental ou espiritual, ou simples insatisfação e tristeza, na própria vida ... A doença é falta de harmonia.

Isso significa que a influência exterior, mas sobretudo o valor que cada indivíduo dá à interferência externa, pode condicionar o estar em saúde ou doença. Para explicar melhor este conceito aparentemente abstruso, é necessário introduzir, nestas alturas, certas descobertas científicas sobre o comportamento das células, no interno do corpo humano.

Cerca de 15 anos atrás, pesquisadores da área de Biologia, descobriram que removendo o núcleo das células humanas, estas continuavam viver assim mesmo. Parecia-se, portanto, evidente, pela primeira vez, que o cérebro da célula, não é colocado, como se acreditava até então no núcleo, mas está, ao invés disso na membrana. Uma vez que cada ser humano é formado por cinquenta trilhões de células, esta descoberta tem uma influência substancial sobre a forma de intercâmbio das informações e de consequência sobre as modalidades de uma mesma vida do ponto de vista biológico.

A compreensão do todo será ainda mais clara se cruzarem as descobertas feitas pela psicobiologia nas últimas décadas.

Esta disciplina estabeleceu que os seres humanos herdam de seus ancestrais, não apenas as características genéticas do corpo, tais como a cor dos olhos, dos cabelos, mas também as assim chamadas memórias genéticas, ou seja, seus hábitos, seus conflitos, suas respostas automáticas, e suas harmonias e desarmonias ... Todas as informações herdadas, estão naturalmente no interno das células, e estas são coordenadas pelo cérebro o qual é composto de células. Assim, cada vez que se diz que uma doença é hereditária não se está dizendo nada a mais senão que nas células existe uma memória antiga do conflito que levou à desarmonia e, portanto, a essa doença. Deste ponto de vista, cada doença pode ser considerada hereditária, visto que se pode encontrar memória do conflito nas gerações anteriores também, e isto apesar de, em seguida, a doença não seja "explodida" propriamente, ou seja, não se apresenta na forma conhecida e com os mesmos sintomas.

O cérebro e o corpo humano, ou seja, cada célula sua, (é necessário ter sempre presente o princípio holográfico do Universo), é então descrita como um grande computador dentro do qual há um enorme arquivo que está circulando em alguma parte há milhões de anos, por milhares de anos em outras partes, em outras por séculos ou gerações, e em outras vinte, trinta, quarenta anos, dependendo da idade do indivíduo.

Dentro do arquivo, estão todas as informações que as células acumularam ao longo do tempo a partir da experiência dos que vieram antes, e aquelas informações foram úteis, algumas ainda são úteis, mas outras tornaram-se supérfluas e ou mesmo prejudiciais. No entanto, elas continuam a existir e a operar automaticamente, mesmo se o indivíduo não queira ou pensa não querer. Portanto, o meio ambiente influencia o homem desde o início dos tempos, porque aquilo que é desenvolvido pelos pais ou pelo próprio indivíduo, são as respostas finalizadas ao melhoramento da vida em seu próprio habitat. O fato de que o cérebro das células é colocado na membrana, simplesmente ajuda a compreender como as informações do externo, ou seja do ambiente circundante passaram todas dentro do indivíduo, assim como as daqueles que vieram antes dele, através do simples "sentir". Em seguida, estas informações permaneceram nas próprias células e foram passadas de geração em geração, mas porque foi dito que as células são como computador de grande porte, outras informações continuam a ser armazenadas novamente a cada geração, sendo adquiridas do ambiente exterior. Quando se compreende este mecanismo e se torna consciente, já se está no caminho da harmonia ou se preferir da "cura", porque se entende antes de tudo que se procede há milhares de anos em uma única linha de possibilidades Quânticas, e em segundo lugar se entende qual foi a possibilidade até então seguida.

Além disso, é fácil de intuir que, assim como se faz com um computador, pode-se alterar o arquivo danificado ou o que é simplesmente um obstáculo na vida corrente. Não há necessidade de mudar o programa inteiro. De fato, algumas das respostas automáticas, herdadas ou adquiridas, são ainda úteis, podem até mesmo salvar a vida, por isso é bom mantê-las, pelo menos, enquanto não se adquiram todos os potenciais inatos do cérebro. Para começar a mudança, então, é necessário identificar as próprias necessidades, que serão pessoais e diversamente combinadas de pessoa a pessoa. Isso ajudará a se entender quais entre os arquivos é bom manter para cada um e quais se tornaram supérfluos; quais são utilizados corretamente e quais embora úteis, foram utilizados até agora de forma errada.

Existem várias maneiras de identificar quais são as necessidades reais das pessoas, através do uso da observação da pessoa e dos seus comportamentos, bem como por meio de uma análise do sua vida e seus hábitos ...

Com o uso da Lei do Delta, adquirem-se as ferramentas necessárias para entender profundamente qual é efetivamente a pessoa que está no seu íntimo e quais são seus conflitos. Uma vez verificadas as necessidades pessoais, o próximo passo será identificar qual é o basicamente o conflito ativo.

3. Os Conflitos.

Os conflitos presentes nas pessoas são aparentemente infinitos e de vários tipos, mas, na realidade, todos estes podem ser colocados em três grandes categorias básicas, que são os medos da humanidade.

Os conflitos, de fato, não são nada mais do que o medo.

Medos, a nível corporal e material, dão espaço à trocas químicas, que de alguma forma saturam as células, fazendo com que elas se sintam suficientemente alimentadas e satisfeitas tanto a não sentir a necessidade de mudar de situação. Os temores se comportam, a nível químico, num modo tal que nas células não há espaço suficiente para nada mais, por isso paradoxalmente, os sujeitos que têm mais receio (ou conflitos, se assim queremos chamá-los) são os menos propensos a se livrar deles e a mudar as próprias vidas embora sendo convictos de que a mudança será para melhorar. Por conseguinte, é importante conseguir identificar, diante à grande quantidade de conflitos, o conflito base, ou seja, o medo desencadeante, pois permite simplificar e aumentar a velocidade da própria tarefa tornando-se consciente e se livrando daquele único medo do qual todos os outros dependem. Desta forma, será possível abandonar todos os conflitos ao mesmo tempo, ao invés de ter-se de ocupar de um conflito de cada vez, sem jamais perceber que são várias facetas tomadas pelo mesmo medo que leva o indivíduo a tornar-se vítima dos chamados "conflitos em cascata".

Por conseguinte, vemos a seguir, os três medos básicos e os conflitos relacionados que lhes são inerentes:

Primeiro Medo: é o medo do abandono, um medo ancestral, de tipo animal. É o medo de evidência biológica que o filhote de animal sente ao ser abandonado pela mãe ou pelo bando. Cada ser humano herda a memória biológica de tipo animal na qual o cérebro sabe que se sucedesse o abandono por parte da mãe ou do rebanho, o filhote seria vítima de predadores e, portanto, morreria. A parte do cérebro que contém tal memória, é a parte mais antiga do cérebro humano em absoluto, é de fato o tronco cerebral. Sua localização indica que este é o medo maior e mais antigo para os seres humanos, porque se encontra no patrimônio biológico e, portanto, na memória há milhares de anos, ou seja desde quando estes ainda eram animais. A este medo pertencem todos os conflitos de abandono, seja de ser abandonado ou de abandonar. Os conflitos surgem sob várias formas entre as quais a agressividade, o ser particularmente gordo, a bulimia, a belicosidade... Mas também a submissão e a anorexia, fazem parte dos conflitos desencadeados por este medo.

Segundo Medo: este medo é uma memória biológica mais recente do anterior, e aparece no momento em que os indivíduos começam a relacionar-se com o bando. O indivíduo deixa o seu próprio Ser para confrontar-se com os outros, entrando na dúvida e perguntando a si mesmo se está à altura daqueles que o cercam. Isto implica uma análise de valores e que envolve todos os conflitos de desvalorização, especialmente da área sexual, de julgamento, de sacrifício e da anulação da parte emocional. Neste tipo de temor fazem parte as pessoas que estão muito no masculino e que abandonaram quase inteiramente o próprio feminino. Além disso, cada vez que há esse tipo de medo é fácil encontrar na pessoa que sofre, elos causados por votos ou juramentos feitos no passado pelos ancestrais. Isso acontece com tanta frequência que pessoas que estão no segundo medo se encontram na sua própria árvore genealógica, antepassados   que viveram intensamente a espiritualidad e ou o apego aos ideais muito forte, daí o medo de não estar a sua altura.

Terceiro Medo: é o medo de desistir e deixar-se levar. Este é um medo mais recentemente como memória biológica, que remonta à época histórica e que combina em si todos os conflitos que ocorrem através do que é comumente definida depressão, a qualquer nível de intensidade que tenham chegado.

Geralmente, se encontra um único medo de base em cada pessoa, às vezes acontece de se encontrar mais de um, mas é sempre possível identificar um mais forte e, por conseguinte, o principal, enquanto que o outro é secundário ou derivado pela continuação do conflito desencadeado a partir do primeiro.

A Resposta Automática.

Havendo observado anteriormente o funcionamento biológico do cérebro e suas três partes, e tendo, posteriormente, falado sobre os conflitos, é necessário aprofundar-se agora, a maneira pela qual elas se interagem biologicamente. Entrando na compreensão do mecanismo da resposta automática, será mais fácil entender o que foi dito até aqui, e a ligação lógica entre as várias partes tratadas.

Quando aparece uma necessidade no tronco encefálico, corresponde a uma emoção e, em seguida, a um pensamento, o que permite a realização e a satisfação dessa necessidade, não há nenhum problema para o indivíduo. Neste caso, vamos dizer que o cérebro, encontrou a mesma informação na íntegra: o tronco cerebral, mesencéfalo e o córtex, e, portanto, os "Três cérebros" vibram na mesma frequência. No entanto, se as informações contidas nas três áreas do cérebro fossem diferentes, tais zonas, vibrariam em frequências diferentes. Uma tal diferença daria origem a problemas, ou seja o início do que é comumente definido de "o conflito". De fato, encontrando imediatamente a anomalia nas vibrações, o tronco cerebral envia um alarme para o mesencéfalo que ativa a resposta automática. O mesencéfalo, contém em si algo que pode ser considerado como o arquivo de todas as soluções desenvolvidas ao longo do tempo por aqueles que viveram historicamente antes. Já que foi dito que no mesencéfalo são geradas as emoções, as soluções nele contidas, serão sempre relacionadas com sequências emocionais vividas por pais, progenitores, grupos de associação, clãs ... do indivíduo. Tais soluções arquivadas são definidas como "respostas automáticas" porque "são dadas pelo cérebro em uma fração de segundo", para resolver os problemas criados pela incompatibilidade entre as suas três partes. Tecnicamente, deste modo, o próprio cérebro encontra a solução, mas, na realidade, através deste mecanismo aparece um outro problema devido ao fato que a resposta que deriva das memórias biológicas herdadas ou assimiladas, é uma boa resposta, mas para um velho problema, isto é, boa resposta transposta dos problemas antigos aos atuais. A resposta é, portanto, tecnicamente perfeita a nível de sobrevivência da espécie, mas acaba por ser bastante inadequada para um padrão de vida agradável. Além disso, este mecanismo leva a repetição do comportamento ao infinito. Fica claro o quanto é importante, aliás indispensável que cada vez que se aciona a resposta automática, se tenha consciência. Neste caso, de fato, nada impede dar uma nova resposta pessoal, mais adequada para as necessidades de uma vida agradável. Mas, para isso, é preciso primeiro perceber que se está dando uma resposta automática, que, pela própria definição é inconsciente. Através do uso das ondas Delta, é possível trazer ao nível consciente as respostas automáticas herdadas, com a finalidade de tornar-se perfeitamente consciente de quais são aquelas que ainda são boas para a vida atual e quais precisam ser mudadas.

5. Trazer para o Nível Consciente Todas as Respostas Automáticas.

Com o uso da Lei do Delta pode-se levar de novo ao cérebro a imagem relativa ao entendimento imediato das próprias respostas automáticas. Tal imagem será suficiente para mudar a situação. Na verdade, uma vez que o cérebro humano recebe e reconhece as imagens, ele começará imediatamente a se parecer com a imagem projetada e o sinal que tudo está acontecendo será dado por uma imediata mudança na consciência pessoal. Acontece que passará a compreender mais e imediatamente o próprio comportamento e as modalidades de intercâmbio com a própria realidade.

Inicialmente se terá o conhecimento da resposta automática e da sua inadequação imediatamente após tê-la dada, em seguida, se terá consciência pouco antes de dá-la. A fração de tempo em que há uma consciência será o momento exato no qual se inserirá a nova resposta, mais adequada e sempre imediata, que por sua vez se tornará automática.

 6. Consciência e Respostas Automáticas.

A fase em que se entra na consciência das respostas automáticas, é muito importante, porque o indivíduo tem a oportunidade de observar seus velhos padrões e a incapacidade da maior parte deles de gerar uma vida feliz, alegre, ousada ...

Devemos, portanto, dirigir a atenção para distinguir as emoções ou reações ainda úteis na própria vida, daquelas inúteis ou prejudiciais.

Na verdade, um momento de raiva se acontece em um momento apropriado para o sujeito, uma vez que o "salvou" de uma situação para ele perigosa, é sempre útil. Muitas vezes, o perigo é representado simplesmente por frustração ou falta de autenticidade devido a um padrão de conduta levado a evitar tal raiva, e portanto, com o objetivo de suprimir as emoções consideradas "más".

As ações de trazer as respostas automáticas ao nível consciente, é finalizada em particular, à liberação das emoções, que estão em todos e assim tem uma forma de vir à luz sem controle, mostrando na sua intensidade, o contraste, a diversidade, o tamanho etc.

As emoções, são assim, e não existem emoções boas ou más, mas apenas a sua eficiência no ajudar a viver a vida bem. Elas são eficientes quando usadas, ou melhor, deixadas fluir naturalmente sem as sujeitar ao controle da mente racional. Se deixadas livres, as emoções interagem com a realidade, criando situações de bem estar maior para a pessoa que as provam. Fazendo um exemplo prático, pensemos à raiva; se esta for julgada e considerada "ruim", faremos de tudo para controlá-la e rejeitá-la profundamente dentro de nós mesmos, sem perceber que, no entanto, esta existe e continua a agir desde dentro, até chegar a um ponto que permeia tudo da vida. Assim, a longo prazo, haverá uma pessoa que claramente mostrará com o seu comportamento que está tentando sufocar a raiva, e em seguida, com o passar do tempo, haverá uma pessoa que está a ponto de explodir, e por fim, haverá alguém que fará gestos particularmente desumanos, porque a raiva explodiu.

Nesses casos, vamos dizer que foi um ato de loucura ou algo parecido da parte de uma pessoa particularmente boa e tranquila. Na verdade, será tratado de um ato feito por uma pessoa que, dia após dia, hora, inadvertidamente cultivou a sua raiva até que a detonou. Quando se para de controlar a emoção e deixa sair assim como é no momento em que ela ocorre, esta não fara mal nenhum, porque não terá uma carga particularmente importante, mas sim fará a vida das pessoas mais leve.

Assim, nesta fase, pode-se entender os esquemas comportamentais, as relações com as emoções e com o próprio corpo, porque foram libertados do controle.

7. Mudar as Programações Automáticas.

Depois de entender os próprios mecanismos comportamentais que o mantêm no conflito perpétuo, o indivíduo pode se livrar dele para sempre. As respostas automáticas, foram inseridas no cérebro humano para assegurar a sobrevivência biológica, e, mesmo se a maioria deles não são mais necessários, no entanto, ainda é útil para os seres humanos comer, dormir, se defender ... automaticamente.

Portanto, as respostas que requerem mudança serão somente algumas, enquanto a maioria continuará a ser parte, ainda por um tempo, da bagagem cognitiva dos seres humanos.

Uma vez mudadas, as velhas respostas automáticas não desaparecem imediatamente do horizonte da vida, mas resistem um pouco mais. Ao concluir sua tarefa no Universo, as velhas respostas conduzem à efetivação do desbloqueio emocional do indivíduo.

Naqueles que viveram no conflito, a parte emocional foi de fato contida e vedada numa fase de pré-adormecimento por um longo tempo. Por cerca de um mês após a remoção das memórias automáticas que se tornaram desnecessárias, o cérebro se sente então vazio de todo o supérfluo que estava nele. De todos os medos, conflitos e sequências emocionais não concluídas, crenças herdadas e crenças que são obstáculos para a qualidade de vida hoje.

Tem sido dito que os receios desencadeiam alterações químicas ao interno das células, tais a saturará-las portanto, nesta situação, as células serão liberadas da saturação e, em seguida, se encontrarão na melhor posição para receber e transmitir as novas informações. As células serão capacitadas para receber a programação consciente de uma solução mais imediata para si mesmas de acordo com as reais necessidades do indivíduo ao qual pertencem. Com as novas programações transformadas em automáticas, será fácil para o indivíduo mudar a sua maneira de se relacionar com situações que anteriormente o levou a entrar em conflito. Aumenta o contato com as partes desconhecidas de si mesmo e sente uma tranquilidade que emana das camadas mais profundas do Ser. Às vezes, a paz de espírito é tão intensa que parece inicialmente estranha ao próprio sujeito que perdeu há muito o hábito.

É o começo da total consciência do Ser, de fácil acesso através da projeção das ondas Delta.

8. Estratégias para o Uso da Energia.

Após ter pré figurado, nos parágrafos anteriores, as modalidades dos comportamentos biológicos dos seres humanos, ver-se-á em seguida um outro comportamento típico, que se expressa através de trocas de energia entre os indivíduos. Existe uma fonte infinita de energia que é o Universo em si, mas o homem se esqueceu de como usufruir de um modo incondicional e, portanto, desenvolveu estratégias para a pegar dos seus próximos, chegando convencer-se que essa é a única forma de a obter. Esse mecanismo, no dia a dia tem a forma de uma contínua caída em momentos de grande fadiga aos quais se alternam momentos de grande atividade, dependendo se foi pega ou cedida a energia.

Abaixo, vamos conhecer as quatro estratégias principais em uso entre os seres humanos no momento histórico presente, com a finalidade de "sugar" a energia de seus companheiros. No final da descrição, será fácil para o leitor identificar a sua própria modalidade, desenvolvida após o nascimento e, em seguida, aprendida através do seu próprio grupo familiar. A melhor solução é aprender a lembrar da melhor forma absoluta para todos, o que é aquela de tomar da fonte inesgotável de energia que é o Universo. Aprender a receber energia da maneira correta é muito importante porque fazendo assim se é capaz de doar energia sem que jamais falte, isso a nível do cérebro e do comportamento biológico, equivale a ter a capacidade de transmitir e depois receber, a emoção. Visto que foi dito que a emoção é o que cria a realidade através do desejo, então, aprender a compartilhar energia da melhor maneira para todos, equivale a aprender a criar a própria realidade em relação ao meio ambiente.

Como mencionado, portanto, os principais tipos de troca energética nos grupos humanos, são quatro, e equivalem aos comportamentos básicos, os quais levam a maior parte aos comportamentos humanos quando eles são confrontados nos relacionamentos interpessoais. Se esses grupos terão indivíduos ativos, agressivos ou passivos depende de qual dos seguintes tipos de estratégia estes adotam na sua vida quotidiana.

As quatro categorias são:

Os que Julgam: eles são naturalmente sujeitos ativos/agressivos que fazendo continuamente perguntas, se intrometem na vida dos outros a fim de julgar o comportamento e as ações de suas "vítimas". Esta é a maneira com que eles roubam energia.

Os Intimidadores: estes também são sujeitos ativos/agressivos, que tendem a ameaçar tanto com palavras que, com o tom de voz e com verdadeiros atos de intimidação física, privam os outros de energia, apropriando-se desta.

Vítimas: pertencem à tipologia dos sujeitos chamados de passivos, e são aqueles que falam continuamente o que é ruim ou negativo, na própria opinião, ou quase acontece em suas vidas. Estes têm a capacidade de fazer quem lhes esteja escutando sentir-se responsável e impotente, se não encontram uma maneira de ajudá-los. Desta forma, fazendo-se ajudar por outros ou ativando neles o senso de culpa, absorvem energia.

Os taciturnos: envolvem as pessoas com a sua modéstia despertando a curiosidade e estes se esforçam para entender o que é que atormenta esses sujeitos tão introvertidos, cedendo desta forma a sua própria energia.

As quatro tipologias, no interno de um grupo, interagem entre elas, cada uma criando seu próprio complementar, de fato:

as pessoas muito reservadas, discretas criam as que Julgam;

os que Julgam criam também as discretas;

o Intimidador cria vítimas;

as Vítimas criam intimidadores.

O que foi dito contém implicações de grande

alcance, de fato, a palavra criar, é usada para entender não somente o significado literal, que assume, por exemplo, quando se trata de um grupo familiar no qual as crianças são modeladas de forma complementar para os pais, na estratégia de energia, mas a palavra é utilizada, neste caso, no sentido de atrair também, quando se trata de sujeitos externos. Isto tem, como já foi dito, implicações muito importantes que devem fazer refletir sob o fato que todo mundo cria a sua própria realidade, atraindo na própria vida pessoas Complementares. Por isso, é muito importante parar definitivamente o uso da estratégia de energia, especialmente para aqueles que usam a estratégia da vítima, porque certamente encontrará mais cedo ou mais tarde um membro da categoria agressiva que aproveitará destes em todos os sentidos. Os dois exemplos que seguem querem indicar uma possível solução para livrar-se da modalidade de desfrutar da energia dos outros, e uma solução para aproveitar da energia do Universo. Podem der feitos como uma brincadeira, verificando mais tarde os resultados.

O meio para se livrar do aproveitamento de energia dos outros é identificar o próprio modo e evitar conscientemente de ativá-lo, ao passo que para com as outras pessoas, para que elas não levem embora as energias individuais, é suficiente as reconhecer e chamá-las com o nome do grupo para o qual pertence, mesmo pronunciando internamente diga uma sentença divertida, como: "Eu vejo que agora você está se sentindo mais vítima do que o normal" ou "Já que você gosta de ser tão taciturno, eu vou deixar você em paz."

Através de frases como essas, se usa de modo profícuo o mecanismo das respostas automáticas visto anteriormente. Na verdade, com frases divertidas, se coloca o interlocutor no seu campo de resposta automática, o que o leva a acreditar que seja essencial a reação, e deste modo o seu cérebro é completamente distraído da atitude da estratégia de energia. Visto que a estratégia de energia também é uma resposta automática, por meio destas frases irá se desencadear uma resposta automática ainda mais enraizada e profunda, pois pertence às memórias biológicas inatas, enquanto a estratégia pertence às memórias aprendidas. Assim ativa-se um mecanismo tal a obter o resultado de livrar-se, pelo menos temporariamente, de quem quer levar embora a energia naquele momento. Livrar-se definitivamente a partir de sua própria e da estratégia de outro é, portanto, o verdadeiro objetivo a atingir, como mostrado nos seguintes parágrafos.

9. Estratégias das Energias Ativas.

Primeiro de tudo, é necessário identificar com certeza o próprio modo de pegar a energia dos outros, ou seja a própria estratégia de energia. Para fazer isso, deve-se assimilar o conceito e os quatro modos vistos anteriormente e fazendo-se perguntas tais como: "O que eu posso dizer com toda a honestidade que é a forma que eu obtenho energia?" e "Qual desses quatro é o meu comportamento habitual, na interação com os outros?"

Observando-se com atenção, o tipo de estratégia será imediatamente claro. Quando não se consegue localizá-lo facilmente ou se houver um pouco de confusão entre duas modalidades, ainda será possível identificar rapidamente qual seja a modalidade que é mais comum e mais utilizada, e referir- se a esta. A beleza destas estratégias é que uma vez reconhecidas são fáceis de localizar e, assim também, para abandoná-las.

10 .A Estratégia da Energia e Demanda Infinita.

A maneira pela qual se troca energia é obtendo uns dos outros, ou seja, o tipo de estratégia que é utilizado por cada um no obter energia corresponde à demanda infinita desenvolvida na infância de cada um, mas visto num Plano Dimensional de Existência diferente. De fato, enquanto a demanda infinita se condiciona ao plano material, sexual e emocional, a estratégia da energia também afeta não só o nível emocional, mas também o intelectual e o espiritual e interage no comportamento, a nível de energia espiritual.

Antes de retomar a explicação do conceito, é necessário observar com mais precisão no que constitui a demanda infinita e o que se entende por este termo.

A pergunta infinita: flui nas pessoas, acredita-se que seja o que não tenha tido na infância, é claro que não se vai ter mais, mas é o que se pergunta o tempo todo a todos. Não poderá mais ter, porque se trata de algo referente a si mesmo quando criança, e agora não se é mais criança. Geralmente, as perguntas infinitas mais populares são sobre estas duas imagens: "ser reconhecido" ou "ser aceito".

O reconhecimento: é o pai que dá o reconhecimento, se ele reconhece seu filho, este terá a imagem do homem e de tudo o que se relaciona ao ser do sexo masculino, na imagem de "o não ser reconhecido" - mesmo que somente por um momento, apenas concebido ou recém-nascido, ou o pai tenha pensado que não o queria, ou não o queria assim como era - o indivíduo não terá no seu cérebro a imagem do homem e de tudo o que está relacionado e interligado ao sexo masculino. Porém, se a imagem de "o não ser reconhecido" é uma menina, uma vez que se torna adulta sem nunca ter tido a imagem do masculino, utilizará imagens dos modelos da cultura atual, e vai procurar um homem ideal, que não existe. Se a "não ser reconhecido" é uma criança, então ela será um homem que vai tentar ser o homem que a sua mulher tem em mente, por isso será tão irreal quanto a "imagem que ela tem".

A aceitação: é relacionada à mãe e deve aceitar a criança assim como ela é. Se ela a aceita, nesta se formará a imagem do feminino e de tudo o que se relaciona ao feminino. Se a criança não se sentiu "ser aceita" ou se verdadeiramente não foi aceita (deve-se lembrar que para o cérebro, não há diferença entre o sentir e o ser) faltarão no cérebro todas as imagens relativas ao feminino. No caso de um menino não aceito, será um homem que vai procurar uma mulher que corresponde a modelos culturais, televisivos ... enquanto que a menina que não se sentiu "ser aceita" será uma mulher que tentará personalizar o ideal de mulher que os homens têm em mente e pedirá ao homem definí-la como mulher. Existem também, mas em uma quantidade menor, os "não aceitos" e "não reconhecidos", que não possuem nem a imagem do masculino nem a imagem do feminino. Em todos os casos a demanda infinita, se ativa sempre nas duas maneiras seguintes, sempre que nos relacionamos com os outros, e até conosco mesmos:

se faz a estratégia e portanto se diz mentiras sobre a própria identidade, pegando por exemplo imagens "emprestadas" do ambiente externo;

ou

se renúncia a aceitação e/ou a aprovação, sacrificando-se portanto a si mesmos.

Em ambos os casos existe uma parte do ser que não é confessado à outra pessoa e, portanto, uma parte do ser que a outra pessoa não aceita. O segredo para resolver a demanda infinita é dado por uma das duas modalidades: se não se é aceito pela mãe, é necessário que se aceite a si mesmo; se não se é reconhecido pelo pai, se deve auto reconhecer. Pode ser difícil, mas não é. Utilizando o que foi dito anteriormente, e isso significa que a nível energético espiritual, a estratégia da energia funciona como a demanda infinita, ou seja, o método que é utilizado para induzir os outros a responder à demanda infinita, por exemplo: "aceite-me porque eu sou uma vítima"; "reconheçam-me porque sou um taciturno" ...

Então parar de usar a estratégia de energia e tomar energia a partir do Universo significa resolver para sempre e a todos os níveis a demanda infinita. Ao fazer isso, não somente se tem energia, mas também tudo o que esta representa, a todos os níveis, sempre, sem ter que pegar dos outros ou de fora. Tomar energia do Universo significa em suma ter sempre a consciência de ser o que se é, e a segurança e equilíbrio dela derivada.

11. Devolver O Que é dos Outros.

Neste parágrafo se trata um tema que é de fundamental importância no caminho de evolução pessoal.

Em estudos conduzidos com a finalidade de pesquisa relacionada à Lei do Delta, a um certo ponto, tornou-se claro que dentro de cada ser humano existe algo que não lhe pertence. Algo que não é realmente o seu. Algo emprestado do externo e, portanto, pertence a outros.

Dependendo do que se trate os tópicos sob o ponto de vista estritamente biológico ou científico ou ainda através do "pragmatismo" espiritual dos xamãs etc., há um ponto onde se começa a definir com clareza e sem meios termos, comumente separada, algo que está presente em qualquer tipo de pesquisa e de cultura relacionada à evolução humana, em qualquer tempo histórico. Que se chame de "memória biológica, de "aprendizados" adquiridos do ambiente externo, ou "espíritos do trauma" ou "implantes desagregados" ou outra coisa, não importa, o certo que é algo estranho ao sujeito que o manifesta.

Modos diferentes de estudo, abordagens diferentes da matéria, tempos históricos diferentes nos quais se desenvolveram, parecem conduzir ao mesmo resultado. Não há dúvida de que os seres humanos são condicionados por algo alheio a si mesmos e do qual devem-se liberar para ter a consciência máxima da sua própria vida e de toda a realidade.

Existe em cada um algo de estranho para os outros, que não serve, seja que se chame de "memórias biológicas herdadas", ou que se chame "aprendizagem externa", seja que se defina com "descrições antropomórficas" não importa, o certo é que se trata de algo que terminou a razão de estar dentro do sujeito. Livrar-se do que aqui é definida como "a mente diferente", e que é capaz de identificar-se com o conflito de base, é um dos elementos principais, para poder estabelecer as bases e fazer o próprio Salto Quântico. Portanto, devemos estar preparados seja para identificar a própria realidade neste complexo ponto de vista, seja para aceitar a mudança agora e para sempre.

Ter levado a um nível consciente as respostas automáticas, nos torna conscientes da estranheza para si mesmos de tais respostas e da inconsistência que estas criam na própria vida. Com a ajuda da Lei do Delta, vai ser fácil se livrar dessa "Mente Diferente", porque será suficiente projetar no cérebro as imagens as quais mostram as respostas específicas para cada situação, excluindo definitivamente as respostas estranhas seja da onde elas vierem. Se faz com que, deste modo, que os três cérebros vibrem com a mesma intensidade de vibração.

A influência da "mente diferente", leva o córtex cerebral a ter, e, em seguida, a transmitir uma informação diferente daquela contida ao nível do mesencéfalo e do tronco encefálico.

A certeza de que a discrepância e, portanto, a influência "externa" deve ser procurada na área do córtex cerebral, é dada pelo fato que nesta são contidas as verdades aprendidas, e estas estão, muitas vezes em desacordo com as necessidades biológicas do "individuo". Se trata então de modificar os programas limitantes adquiridos e, por conseguinte, externos ao próprio sujeito.

Daqui pra frente e deste ponto de vista mais flexível, fica clara a razão do que vimos até agora e em particular:

• A demanda infinita

• Como pegar energia

• O Medo de Base

• Crenças e convicções bloqueadoras

Na verdade, a detecção de tais pontos como comuns a todos os indivíduos, nada mais é do que uma demonstração de que existem mecanismos igualmente comuns, por meio dos quais todos se movem e de que não só não têm a habilidade, mas a maioria das vezes eles nem sequer têm a consciência. Simplesmente se continua a repeti-los sempre como uma cantiga aprendida e repetida infinitamente por aqueles que vieram antes e de quem está envolta, com pequenas variações de pessoa para pessoa, como quando as crianças deformam alguma palavra que não sabem o significado, mas na sua essência é sempre a mesma para todos. A cantiga aprendida e mandada à memória, a isso muitas vezes é reduzida a vida dos seres humanos. O mesmo para todos em todas as partes do globo, com os mesmos desejos, as mesmas aspirações, os mesmos problemas, a mesma doença, a mesma dor de viver ... a mesma tristeza nos olhos de todos.

Então, a melhor solução para a repetição de todas as coisas, situações, pessoas, modelos, costumes, conflitos, medos, doença, uma palavra, desarmonias, discurso, é livrar-se para sempre do que é estranho e começar a viver a sua vida de forma diferente, bonita, alegre, feliz ... mágica.

A solução é se livrar do que não lhe pertence, então, não mais repetí-lo e deixá-lo para sempre. A este respeito, é bom esclarecer uma coisa, que talvez um primeiro impacto vai dar a impressão de algo desagradável, mas que, uma vez compreendida profundamente, vai aparecer benéfico ao cérebro biológico do leitor. No dia em que se livrar para sempre do próprio conflito, vai parecer inicialmente um dia realmente triste. Porque naquele dia você é forçado a confiar somente na própria força, que agora, depois de tantos milhares de anos de repetição da cantiga, são quase nulas. Não há, de fato, nada mais para dizer do que é bom fazer e o que não é. Como precisa se comportar, como viver a própria vida. Depois de tanto tempo passado a pensar de acordo com os outros, para atender às necessidades estranhas à sua própria, a desejar os desejos dos outros ... a liberdade de poder satisfazer as próprias necessidades biológicas pessoais, a liberdade de desejar, mas especialmente a facilidade de obtenção, assustarão as pessoas, porque nenhum deles tem alguma ideia de como gerenciar tudo isso, nem há ninguém que possa ensiná-los.

No entanto, é o que devemos fazer, se quisermos começar a viver a própria vida. É necessário que cada indivíduo se de a permissão para ser o único ponto de referência para si mesmo. Isso significa livrar-se para sempre de qualquer tipo de julgamento, seja sobre si mesmo ou sobre o outro, e, consequentemente, uma vez que, relativamente a cada setor, cada um atrai em suas vidas o que lhe acontece, significa liberar-se também para sempre de pessoas que julgam, porque mudando-se vai parar de atraí-los na própria vida. Fazendo esta etapa e recuperando a posse da própria mente, na verdade, se está implicitamente aceitando o fato de que cada aspecto da própria vida pessoal, seja ele qual for, pareça perfeito assim como é.

É realmente assim, porque um resultado, pode ser submetido à decisão somente quando ele é comparado a uma referência extrema a si mesmos.

12. A Questão da Mente Estranha.

Nesta seção, vamos lidar com a maneira prática de se livrar para sempre do domínio do conflito externo, identificando a faceta principal através da qual o conflito age em cada um e que é definida como Tout Curt, a questão da mente diversa. Se utiliza uma imagem antropomórfica do conflito, chamando-o de "mente diversa", tem que se imaginar que o comportamento dessa energia, para ter a pessoa sob o seu próprio domínio, especialmente quando esta demonstra o desejo de se liberar, é aquele de se apoiar num aspecto específico da vida - que varia de pessoa para pessoa - insinuando dúvidas exatamente naquele aspecto e levando as pessoas a deixar o caminho da evolução e as mudanças já realizadas. Identificar para cada pessoa qual é a área mais vulnerável da própria vida, na qual é fácil assentar-se para insinuar a dúvida, é muito simples. Na verdade, a dúvida sempre se infiltra na fratura entre o que está na base do objetivo de vida da pessoa entendida como a razão pela qual essa pessoa está viva neste momento histórico, ou seja seu projeto senso, e o que a pessoa teme que possa acontecer no momento em que se dedicar completamente ao seu projeto senso. A dúvida se comporta como um medo recorrente, e de fato representa o medo que assusta mais em absoluto, a pessoa. Conhecer o próprio "ponto fraco", permite entrar no medo que isso implica, de forma voluntária. O temor pelo que possa acontecer devido a fatores externos, ou se faz acontecer como escolha pessoal e, desta forma, este deixa de ser assustador e terrível para o cérebro. Será um ato simbólico, mas o cérebro o registrará como uma sequência que realmente aconteceu e ao qual sobreviveu, então a partir desse momento o medo e a dúvida serão extintos para sempre.

Entrar no medo através da prática de atos simbólicos, é uma maneira muito forte ao cérebro humano, e que funciona sempre, melhorando imediatamente a vida das pessoas, no entanto, os resultados são obtidos apenas em alguns níveis exteriores, como o nível material e corporal. Se a "dúvida" é, como geralmente ocorre a um nível muito mais profundo, ao nível que é definido espiritual, aparecerá de novo depois de um determinado período de tempo, recolocando a pessoa no conflito.

13. A Mente Estranha e seus Motivos Insignificantes

A Lei do Delta permite resolver de modo imediato o surgir da dúvida dado pela "mente diversa", ou seja, do conflito atuado por um dos três medos básicos da humanidade.

Através desta lei, o cérebro é colocado na condição de considerar insignificantes as razões que levam ao aparecimento do conflito. É importante entender o que significa realmente a definição insignificante. Esta palavra, de fato, na sua simplicidade, combina em si o grande princípio segundo o qual tudo o que acontece no Universo é perfeito em si mesmo. Trata-se da capacidade de lidar em modo sereno eventualidades que exalam das expectativas humanas. Da arte de se enfrentar o Universo sem vacilar, sem ser oprimido nas suas manifestações. De ser, não fortes e duros, mas cheios de temor referencial de dar-se ao Universo, e de levar a cabo a sua tarefa internamente ao Seu grande plano, confiando todo o resto à Ele. Desta perspectiva, é, portanto, claro que a frase "motivos insignificantes", não significa diminuir a importância de uma conta para pagar ou um imposto no qual se encontram demandas injustas, nem significa desinteressar-se, mas significa, pelo contrário, fazer um grande ato de fé relacionado ao Universo que se ocupará de fornecer-lhes aquilo que necessitam: dinheiro ou a capacidade de explicar um erro, ou qualquer outra coisa necessária para a solução. Por que a tranquilidade pessoal é importante para que cada um possa realizar a tarefa, à qual foi chamado a fazer no mundo, neste momento histórico: Evoluir.

Portanto, a única ocupação para os seres humanos, deverá ser a de realizar o próprio objetivo de vida, porque o resto vem junto. Tudo o que é preciso é dado pelo Universo para sistematizar tudo, para que cada indivíduo possa fazer mais e sempre melhor o próprio objetivo de vida. É por isso que na sentença, todos os outros motivos além destes, são simplesmente *insignificantes*.

Entendendo em modo profundo o conceito, encontra-se no arco de poucos dias após, a ter o lugar certo na própria existência em cada coisa, sem se sobrecarregar de expectativas ou de ressentimento ou qualquer outra energia, situações que, por si mesmas, têm apenas uma "importância" marginal na vida dos seres em evolução.

Lucia Dettori

Capítulo V

MELHOR USO DA VELHA REALIDADE QUÂNTICA

Depois de tê-la identificada, devemos aprender a utilizar melhor a realidade Quântica na qual se encontra, porque esta é a mesma em que se viveu principalmente ao longo da própria vida. Só assim depois de tê-la reconhecida, acolhida e vivida, se poderá mudá-la. É necessário, portanto, viver, aprender e reconhecer a própria realidade para poder ter a certeza de querer mudar. Temos que aprender a estar no mundo, com tudo o que o mundo oferece, e desenvolvendo da melhor forma todo o potencial ínsito na própria vida. Trata-se de reaprender a modalidade original para viver a própria vida. Uma modalidade é inerente a cada um, mas perdida por muitos, precisamente por causa dos conflitos, medos, atitudes, crenças ... e tudo mais que foi visto no capítulo anterior. Para viver então, na melhor maneira a realidade Quântica na qual se esteve durante toda a vida, é necessário abandonar tudo que foi uma fonte de conflito e mal-estar. É necessário ativar as partes do seu cérebro que se tornaram inativas por milênios. É necessário deixar-se levar pelas potencialidades do infinito aprendendo a pegar

165

a própria energia daquela fonte inesgotável que é o Universo. Já chegou o momento, para os seres humanos de voltar a deseja e de criar. Finalmente chegou o momento de usufruir do grande instrumento dado pelo Universo a cada indivíduo: *O uso consciente das ondas Delta.*

Só depois de ter vivido tudo isso, cada um será capaz de dizer a si mesmo se, é o que quer mudar na própria vida.

1.   Adquirir Energia do Universo.

Ver a beleza da essência de cada coisa é o modo para pegar a energia infinita do Universo. Trata-se de aprender a ver a beleza inerente ao que se tem na frente, seja que se trate de coisas, situações ou seres vivos. A beleza que lhes é própria, é o que a mantém viva. Observar com a intenção de ver o sentido daquela coisa, pessoa ou situação, porque isso é o que a faz existir. Ser capaz de ver a beleza intrínseca das coisas, pode levar anos de meditação e pesquisa de tipo filosófico ou espiritual, conhecimentos remotos, analise muito profunda etc. Mas já que um dos fundamentos do Delta é que tudo é um e o Universo é holográfico, nesta seção, vamos indicar uma maneira para ver em um segundo, seja com o sentido da visão ou com os olhos da mente, a beleza e o significado profundo do que que se tem diante. Um tal conhecimento, que uma vez adquirido interage imediatamente com o todo, dando-lhe os mesmos resultados de anos de meditação e pesquisa, é recarregando instantaneamente de energia. É ser, basicamente, capaz de observar os campos de energia eletromagnética a partir das vibrações de pessoas, objetos, animais ou situações. Em tal vibração encontra-se o sentido da permanência na vida do terceiro Plano Dimensional de Existência do sujeito observado. Poder-se-á começar com a observação de árvores e plantas, porque estes são suficientemente imóveis e vibrantes, para serem usados por quem está começando a vibrar a um nível mais elevado. Mais tarde se poderá usar este método também com objetos inanimados, porque estes também vibram emitindo campos de energia eletromagnética.

As etapas são esquematicamente como se segue:

fique na frente de uma árvore ou grupo de árvores, melhor ainda se conseguir olhar para um bosque ou floresta;

observe o esboço desenhado pelas formas das árvores, no céu ou sobre as rochas, onde quer que reflitam, estreitando os olhos e borrar a imagem;

imediatamente você vai ver um contorno feito de luz mais clara, que segue o andamento da forma das plantas;

concentrando a atenção naquela luz, inspire e expire profundamente três vezes;

inspire profundamente pela quarta vez e feche os olhos antes de expirar, levando a imagem para dentro de si;

enquanto se está expirando, manter os olhos fechados e observar com os olhos da mente a imagem e todos os seus detalhes, o verde brilhante das folhas, a majestade dos troncos, a grandeza da altura, o orvalho dos ramos ... que desliza silenciosamente;

sinta a sensação que a beleza desperta no coração, e termine com uma respiração profunda e abra os olhos.

No final do exercício se está carregado de energia e se sente totalmente independente. Pronto para dar, sem medo, emoções aos outros, porque se sente livres do perigo de ficar com a falta algo porque a doou. Devagar vai-se percebendo que a energia se auto regenera, porque o fato de doar aciona um mecanismo de intercambio contínuo, que é rapidamente aprendido pelo cérebro, resultando em energia adicional. Quando, por fim, for elevada e mantida constante a vibração, então não haverá mais necessidade de recarregar, pois se estará sempre em conexão com a energia Universo.

2. Aprender a Desejar.

Energia, Razão e Matéria

Se não existem estes três elementos, nada existe. Cada vez que algo é criado no terceiro Plano de Existência Dimensional, para que exista e insista em tal plano desse tipo, é necessário que exista uma razão para a sua existência e uma energia criativa na base de tudo, ou seja, uma capacidade de conceber, seja a nível de pura imagem, seja a nível de percepção. Portanto, pode-se reescrever o tema inicial da seguinte forma:

Necessidade ,Projeto, Senso, Objeto.

Esta é a estrutura sequencial indispensável para que haja criação material. Visto por este prisma, o mecanismo parece ser muito simples: o ser humano concebe e percebe uma necessidade, que se ativa para dar uma resposta e, assim, encontra um sentido do que deve ser criado para atender a essa necessidade, então o faz melhor ou faz como algo que serve materialmente para atender a necessidade. Em poucas palavras, isso significa que a direção do objeto criado por um projeto é de satisfazer uma necessidade.

O elemento que atualmente movimenta todo o mecanismo e que por sua vez, faz com que algo exista na vida, não é mais a necessidade, mas o desejo. De fato, há milhares de anos, o ser humano, depois de ter concebido a necessidade, antes passar à aplicação prática deste projeto senso, continua uma elaboração de natureza especulativa, que o leva a identificar com precisão e focar melhor a necessidade, por intermédio do desejo. Se, por exemplo, a necessidade é de comer, quando originalmente essa era suficiente para iniciar o projeto que houvesse razão de procurar comida, em seguida se criou uma passagem intermediária na qual o sujeito se concentra na necessidade e determina se tratar da necessidade de alimento doce ou salgado, de carne ou de pão ... este passo a mais, corresponde ao que é comumente definido como "desejo". Portanto afinal pode-se reescrever a sequência atual da seguinte forma:

Desejo, Projeto, Senso, Realização.

Experimentos científicos feitos no estudo de partículas da matéria, têm demonstrado que somente a observação é capaz de mudar a realidade. Foi estabelecido que o olho do cientista que observa num microscópio a partícula, é capaz de fazer mudar a sua forma. Transpondo o resultado da descoberta, aplicando-a à última sequência relativa à modalidade de criação no terceiro Plano Dimensional, este permite afirmar que desejar que algo aconteça já é o início do acontecimento em si.

Parafraseando o grande poeta, pode-se dizer que o desejo é o que move o Sol e as outras estrelas ... na verdade até mesmo na base da emoção do amor está o desejo.

O erro que geralmente é cometido pelas pessoas, é querer algo pronto, ignorando os passos do desejo criativo e esquecendo de que a necessidade primária deu origem ao próprio desejo. Para entender melhor este conceito, é útil dar um exemplo prático: se o desejo que se sente é chegar a um lugar, os seres humanos, em modo particular no último século, em vez de utilizar o que aqui está definido como "desejo criativo" que, no caso específico seria "Eu quero estar neste lugar", usam um desejo pré confeccionado como "Eu quero ter um carro para ir naquele lugar" ou "eu quero ter o bilhete de avião para ir para aquele lugar". Deste modo, dá uma conotação já identificada, sendo velha e preconcebida ao desejo, ao invés de abrir-se para qualquer coisa que possa levar à concretização do desejo de base. No caso especifico pode-se dizer que se refere ao modo de realização do desejo já existente e pré-concebido, relativo a modelos externos, então obviamente, não é adequado para o sujeito que o exprimiu porque ele mesmo pede que o desejo seja realizado com uma modalidade que não lhe pertence.

Em tal situação, a maior parte das vezes acontece do desejo básico ser realizado – porque o Universo dá sempre e para todos, o que desejam – mas o sujeito, não fique satisfeito. Com efeito, a maior parte do tempo não percebe que o desejo se tornou realidade, porque já tinha imaginado que deveria ser realizado de acordo com um determinado padrão, dando-o como a única possibilidade de realização. Portanto, se a realização do desejo acontece de uma maneira diferente, o seu cérebro não é capaz de reconhecê-lo. Isto significa que a mente estava fechada no contexto da imagem digitalizada e não reconhece outras. Não somente, mas às vezes pode acontecer que, já que a imagem sob a forma da qual se esperava a materialização do pedido foi transformada pelo ambiente externo e, portanto, pertence a outros, acaba-se por não reconhecê-la, nem mesmo se ela se apresente sob a forma prevista. Isso pode acontecer porque esta imagem não estava no cérebro da pessoa que a manifestou, ou melhor não estava num nível profundo, como uma fotografia colada na área do córtex cerebral do sujeito. Se dirá então que se estava distraído ou não ter percebido as oportunidades que tenham ocorrido, mas na realidade não era bem capaz de reconhecê-la. Portanto a única imagem reconhecida pelo cérebro de quem exprime o desejo é aquela que representa o desejo puro. No caso do exemplo, a única imagem que o cérebro vai reconhecer será "estar naquele lugar". O desejo puro é o único que pode ser realizado e para exprimi-lo é necessário antes de mais nada se livrar de condicionamentos, crenças e imagens provenientes do ambiente externo. É importante deixar claro mais uma vez que para exprimir o desejo puro, é necessário confiar-se às necessidades reais e estruturais próprias e individuais. Neste caso será, além de tudo, o artífice de um grande ato de amor que exprime respeito por todas as possibilidades que o Universo oferece, mesmo aquelas que ainda são "desconhecidas".

Para cumprir este ato de amor, ou seja, para se livrarem dos condicionamentos, das crenças e convicções não adequados para satisfazer as necessidades e desejos, deve- se primeiramente livrar-se das respostas automáticas do cérebro e inúteis nesta vida – como visto nos parágrafos anteriores – e, em seguida, aprender a formular um desejo de uma forma reconhecível pelo próprio cérebro.

3. Formular Coerentemente Cada Desejo.

Chegou então o momento de colocar junto todas as coisas individuais que aprendemos até aqui. Foi compreendido qual é a modalidade para desejar, ou seja exprimindo o desejo criativo que inicia próprio das necessidades puras. Será necessário reaprender a modalidade através da qual é possível obter o que deseja.

Tomar, portanto, um desejo, formulado como puro desejo e não desejo induzido, ou pior ainda, deduzido; agora, fechando os olhos, pensar intensamente na "imagem do que se deseja", até sentir-se assim como "o que se deseja". Este passo é muito importante, porque, se por exemplo, você quer fazer uma viagem, é necessário chegar a sentir a viagem, não como se estivesse fazendo aquela viagem, mas, como se fosse exatamente esta. É compreensível que não é fácil, mas é certo que, com um pouco de concentração e disciplina qualquer um pode conseguir.

Ao mesmo tempo, quando você pratica, para tentar a ser o próprio desejo, se deve:

a) evitar pensar nem por um momento a algo contrário a esta imagem; por exemplo, evitar pensar "nunca vai ser possível uma viagem ou coisas aparecidas";

b) pensar sempre em si mesmo, enquanto se organiza a viajem, tipo "Levo a tal mala porque quero trazer certas coisas";

c) sentir a alegria que se sente ao chegar ao destino da viagem. Imaginar-se enquanto está descobrindo a cidade, os museus, ou nadar nas esplêndidas águas daquele lugar etc.;

Além disso, deverá ocupar- se em fazer a cada dia, na própria cotidianidade, tudo o que pode ser feito durante aquele dia. Isso significa preencher bem o lugar que se ocupa e ser eficaz em cada ação. Por exemplo, evitar se distrair no trabalho do escritório para se concentrar na viagem que você quer realizar é ainda mais ajuda, mas achar que parar o trabalho para concentrar-se na viajem que se deseja fazer é como pensar que o trabalho não é agradável e que poderia estar em férias. O melhor pensamento será: "Agora estou aqui e faço o meu trabalho de bom grado, e depois, quando eu o tiver acabado eu me dedicarei ao melhor planejamento da minha viagem" ...

No momento em que se pode experimentar isso, neste preciso momento, o desejo começa a ser realizado e as situações se predispõem naturalmente para ajudar a realizar o próprio desejo. Tudo isso pode acontecer, porque se entra suficientemente em contato com o Universo.

É um método empírico, e como tal terá o tempo de execução ligada ao tempo linear humano. Pode ser necessário mais tempo, para que aconteça, mas em todo caso acontecerá, porque este método também funciona.

Com o conhecimento e uso da Lei do Delta, a realização do desejo puro se concretiza ainda mais fácil, porque se trata simplesmente de formular no modo correto o desejo transpondo-o a um Plano Dimensional de Existência diferente do terceiro, deste modo, obtendo imediatamente o quanto foi desejado no seu próprio plano de realidade física.

A partir do momento em que o desejo é formulado, tudo começa a predispor-se na vida do indivíduo para a sua realização. Deve-se ressaltar que o Delta serve neste caso à predisposição imediata do evento, enquanto que com o método empírico, esta predisposição terá um prazo mais longo.

4. Desbloquear o Cerebelo.

Uma vez individualizada a própria estrutura, e liberado de tudo o que em uma palavra é definida a mente estranha, cada indivíduo pode aprender o método Delta para projeção de imagens e a criação de realidade. Para poder fazer isso, é necessário preparar o cérebro, que por séculos perdeu o hábito de usar conscientemente algumas das suas partes, incluindo a Zona do Silêncio e o Cerebelo. Este último, pode ser imaginado como ofuscado pela "poeira dos séculos", como coberto de um leviano e impalpável véu que impede a utilização total e perfeita nos potenciais mais profundos. Pode-se imaginar como a poeira na engrenagem de um relógio delicado; este continua a trabalhar, mas não de uma maneira perfeitamente sincronizada.

Para que estas partes do cérebro humano funcionem perfeitamente e sejam capazes de desenvolver todo o próprio potencial, é importante remover a "poeira dos séculos" e tornar perfeitamente ativa esta área. A maneira de fazer isso, é particular e simplesmente ao mesmo tempo e permite ao sujeito, uma vez que limpou o cerebelo, o acesso ao centro do poder psíquico onde verifica-se a criação da realidade física-material.

5. O Centro de Poder Psíquico.

Neste ponto, é necessário fazer uma breve referência às regiões do cérebro aos quais é necessário agir para desbloquear a capacidade do uso consciente das ondas cerebrais Delta.

Sabe-se que no hemisfério esquerdo do cérebro humano, entre outras coisas, existe a característica da atividade e da eletricidade. Apesar desta definição e delimitação de tipo científica, em zonas, no entanto, já neste ponto do percurso de consciência, e ainda mais com o proceder naquela que pode se definir limpeza profunda do ser, se trabalhar com todo o cérebro, ao mesmo tempo, e é possível identificar a função específica na zona especifica. No caso das ondas Delta, a função especifica é no lobo frontal esquerdo.

Ascendendo a esta parte do cérebro e irradiando-a com luz, abre-se a passagem para as memórias armazenadas nessa área e que até agora não estiveram disponíveis a nível consciente.

Estas memórias estão relacionadas em parte com o momento passado "em outro lugar", isto é, entre uma vida corporal e outra, quando a alma não estava encarnada, e em parte se relacionam com a capacidade do homem-Deus de criar instantaneamente a sua própria realidade, enquanto a estiver vendo na imagem projetada consciente exatamente naquela área do cérebro. Lembre-se que, como mencionado anteriormente, as ondas Delta pertencem a todos os planos de existência. Esta é a razão pela qual aqueles que as utilizam tem a capacidade de criar imediatamente a sua própria realidade. Iluminando o centro do poder psíquico onde residem as ondas Delta, pode-se trazer à própria memória consciente (porque no inconsciente sempre estiveram) todas as Leis do Universo, e então usá-las para os próprios benefícios assim como para os outros.

6. O Grande Abandono.

Uma vez livre de conflitos e medos, chega o momento de consolidar os resultados obtidos, e se libertar mais das "mentes dos outros". Isso ajuda a ser sempre mais independentes e livres de qualquer condicionamento. Sente-se a necessidade de voltar a ser finalmente o "eu mesmo" livrando-se de qualquer resíduo de medo ou seja livre para sempre do conflito da base.

Devemos, portanto, avançar para o que se pode definir de "o grande abandono", que consiste em abandonar finalmente o medo, independentemente da forma como se apresentou até agora.

O abandono acontece através da elevação das vibrações do ser, ao nível mais alto. Quanto mais tempo se puder manter alta a vibração do próprio ser, mais rapidamente se libera definitivamente dos conflitos. Isso pressupõe a capacidade de coligar-se por alguns minutos, à energia de coesão do próprio corpo energético, ou seja da própria emanação pessoal. Esta energia é detectável nos laços químicos e nucleares que mantêm unidas as moléculas das quais é composto o corpo humano. Na verdade, são esses laços que remontam as moléculas, dando-lhes uma forma visível comumente conhecida e desde sempre definida "forma antropomórfica". A energia das ligações químicas e das ligações nucleares, é o que forma a realidade mostrando-a como aglomeração de matéria.

É necessário, portanto, unir-se à própria energia de coesão que é a força máxima presente ao momento no terceiro Plano Dimensional de Existência. Através do uso consciente das ondas Delta é possível fazer a ligação com a energia máxima, elevando as próprias vibrações ao nível mais alto até agora conhecido – que é a aquele da luz – e estendê-la por um tempo suficiente para concluir o grande abandono.

Capítulo Vl

PREPARAR-SE PARA A NOVA REALIDADE QUÂNTICA

Uma vez que se livram daquilo que era dos outros, e fácil localizar a nova realidade Quântica que deseja viver realmente.

Neste capítulo, discutiremos algumas das modalidades que permitem ao novo indivíduo criar a sua própria realidade independente e desprovida das necessidades dos outros. Pode se criar a realidade que melhor atenda a suas próprias necessidades "biológicas", livre de construções e arquétipos adquiridos, herdados, aprendido ...

O novo indivíduo pode voltar a estar em equilíbrio com o Universo e usar todos os instrumentos que este colocou à disposição dos seres humanos, para o seu máximo bem. Pode assimilar tudo o que está contido, não só na Vibração Pessoal mas também na vibração Universal. Pode preencher a sua mente com suas próprias coisas, pode assimilar o todo Universal.

Uma vez que este atrai para si mesmo todo o conhecimento antigo e volta a usá-lo, então estará pronto para começar a construir e viver a própria nova realidade Quântica.

1. Ser Um com o Universo.

Ter vibrado da frequência máxima, pelo menos por alguns minutos, além de ter libertado para sempre o indivíduo de cada medo residual, lhe deu também a imagem da vibração máxima unitária. A vibração na verdade aconteceu tanto a nível de corpo energético quanto de corpo físico, e nesta os dois corpos são unidos tornando-se "único". A conexão energética deu então, ao cérebro a imagem de unidade. A presença desta imagem, ou melhor, a sua lembrança, torna-se muito importante, e facilita o processo de evolução.

Já foi dito que, como resultado do trabalho de remoção de conflitos, crenças, convicções, memórias biológicas ou memórias aprendidas ... que se está realizando, estão, devagar alinhando os três cérebros.

Isto é, se está prosseguindo em direção da unidade das informações contidas no córtex cerebral, no mesencéfalo e no tronco cerebral, de tal modo que todos tenham a mesma vibração. O que equivale dizer que todas as partes do cérebro têm a mesma informação, e que este corresponde às necessidades biológicas do indivíduo, e que o conflito acabou. No entanto, apesar de obtida esta unidade, neste ponto as pessoas ainda têm uma concepção de si mesmos na qual há uma divisão em níveis, portanto: tem-se a sensação de haver um cérebro biológico, um cérebro racional, um corpo, uma alma, um nível genético, um nível histórico, um consciente, um subconsciente, um Ser superior ... Se sente divididos em várias partes e coordenar todas envolve um grande dispêndio de energia.

Isso significa que chegou a hora de dar uma total unidade ao ser que deve retornar a ser um com o universo e vibrar em uníssono com Ele, na vibração máxima da harmonia infinita. Toda a fragmentação em partes da qual o Ser tem sido objeto, embora tenha sido muito útil até este momento, deve voltar a se transformar em unidade consigo mesmo e em seguida, com a totalidade da qual ele faz parte. Depois de ter reencontrado a unidade com o Universo, tudo muda no ser humano: o centro do Tudo, o coração do seu Ser torna se a partir de agora o ponto localizado no centro do seu esterno (meio do peito) e já não servem mais as distinções entre a mente, o corpo, a alma, a pessoa interna ou qualquer outra coisa.

Com o uso consciente de ondas Delta, você pode reconduzir a imagem de Um com o Universo no cérebro de cada pessoa. Após a reaquisição de imagem, o indivíduo se sente imediatamente Um e em consonância com o Universo em contínua e constante percepção de si mesmo assim como o é do Universo e deste nele.

A nova forma de pensar é o prólogo de uma grande mudança que leva a uma diferente e total consciência imediata do Todo. Após milênios de neblina e desarmonia, tudo claro para a percepção e se entra na harmonia do todo.

2. Liberar o Coração do Ser.

Desde que foi dito que, como resultado do equilíbrio encontrado com o Todo, o ponto de contato entre o ser humano e o do Universo está concentrado na parte central do esterno, na área que é chamada em algumas disciplinas o "IV chákra", será necessário fazer com que aquela parte seja particularmente limpa de qualquer cristalização de emoções passadas. Isto é, será necessário limpar completamente toda a área central do esterno. Se nos concentramos em meditação sobre aquilo que se pode definir o ponto focal do Ser antes que seja limpo totalmente, é fácil encontrar-se assistindo imagens que passam diante da mente, como se tratasse de quadros de vidas antigas.

Neste livro, não se tem nenhum interesse em apoiar a teoria da reencarnação ou contrastá-la, porque, seja que se trate de vidas vividas anteriormente pelo mesmo indivíduo que observa, seja que se trate de vidas que pertenceram àqueles que proferiram a estes as próprias memórias biológicas, é certo que, se considerado desde o ponto de vista do tempo linear, essas são, contudo, vidas anteriores. São fragmentos do próprio passado ou de outros, ainda cristalizado naquele ponto do Ser e é útil remover utilizando o método mais rápido.

É impensável removê-los um por um, porque muitas vezes as histórias decorrem longamente perante a mente dando uma grande sensação de fadiga e às vezes até de um sofrimento profundo.

As sequências emocionais não definidas estão sempre presentes no cérebro biológico, para o qual não há tempo linear, e revive sempre com a mesma intensidade com que viveu enquanto estavam acontecendo. Para o cérebro humano, tudo acontece no momento presente, e, portanto, é de fundamental importância remover definitivamente qualquer cristalização ainda existente.

Retirar a cristalização das sequências emocionais ainda abertas no indivíduo, equivale, na verdade, a concluir, definitivamente e no melhor modo possível para o cérebro humano, essas sequências. Como foi dito acima, para o cérebro não existe tempo linear, portanto o desfecho das sequências emocionais afeta não somente o indivíduo que se livra, mas também aqueles dos quais ele as herdou não concluídas, e àqueles a quem ele deixara um legado finalmente concluído. É por este motivo assim misterioso que, embora não totalmente compreendidas, levou o povo antigo a definir o ponto colocado no centro do esterno como o "Centro do Sopro Vital Criador". Neste é dada, de fato, a possibilidade criar novos seres, livres e em equilíbrio na harmonia das trocas emocionais que é a própria vida.

Através do uso consciente das ondas Delta, é, por conseguinte possível tirar as cristalizações, concluindo as sequências emocionais de uma só vez. Isto faz com que aconteça uma real e própria mudança no DNA do indivíduo, que também será deixado em herança aos seus descendentes. Esta mudança é também o motivo pelo qual, uma vez liberadas as cristalizações, tem-se a percepção e compreensão profunda de ter reencontrado o próprio Corpo de Luz. A partir desse momento, o cérebro começa a perceber todo o Ser como feito inteiramente de luz branca-dourada. No cérebro é possível então encontrar a imagem do corpo que a partir do centro do peito irradia um raio de luz dourada que alarga radialmente a medida que se afasta deste. Existe a consciência de que o feixe de luz é agora o modo para se comunicar com todos os Planos Dimensionais, nenhum excluído.

O Corpo de Luz está pronto para começar uma nova jornada os passos dados até este momento serviram para desperta-lo.

3. Preencha o Espaço Vazio da Mente Estranha.

Quando se assiste à mudança do próprio DNA e à passagem definitiva daquilo que no tempo e em várias disciplinas foi definido o "Corpo de Luz", o indivíduo sente uma urgente necessidade de preencher o vazio deixado pelo abandono daquilo que de tempos em tempos foi definido de medo de base, o conflito, as respostas automáticas ... e no final o abandono da Mente Estranha. Esta tem sido assim por muito tempo a dona da realidade individual, e provocou tantos pensamentos, preocupações ... e afinal acabou enchendo tanto a vida do indivíduo, que paradoxalmente, a partir do momento em que foi finalmente e totalmente abandonada, ele sente falta dela.

Está desestruturado e não sabe como administrar a sua nova realidade, a nova vida que percebe chegar a grandes passos. É, portanto, essencial preencher o vazio deixado pela mente anterior com imagens próprias, adequadas a satisfazer as próprias necessidades reais e agradáveis da própria vida. Tais imagens, em parte são despertadas no cérebro por meio de mudanças no uso das respostas automáticas, mas é necessário ampliar a gama com o objetivo de preencher o considerável vazio deixado nas células por falta de trocas químicas desencadeadas por medos. É possível expandir a gama emocional, levando ao cérebro do indivíduo todas as imagens dele excluídas por causa de conflitos, mas, felizmente, ainda presentes na própria Vibração Pessoal.

O comportamento do campo de vibração eletromagnética das células de um indivíduo, que foi previamente definida Vibração Pessoal, é de fato comparável com um exemplo bruto, àquele da lixeira na área de trabalho de um computador. Imagina-se de ter um computador, onde o disco rígido tem a memória cheia devido a arquivos muito grandes. Para liberar espaço e ter condições de trabalhar com o computador, se toma os arquivos considerados menos importantes e se joga na lixeira do ambiente de trabalho. Na mesma maneira, por causa das memórias herdadas, informações provenientes do ambiente externo, mas sobretudo os medos que saturam as células, a memória do cérebro humano se encheu tanto, que o indivíduo, foi forçado a liberar espaço mobilizando as imagens que considerava menos importante para a sua vida em direção da própria vibração. No entanto, porque no momento em que o fez se encontrava dentro dos próprios conflitos, ele direcionou para a Vibração exatamente as imagens que satisfaziam suas necessidades, mantendo funcionais as imagens do conflito, ou seja as relacionadas com a "Mente Estranha".

Mas a beleza deste mecanismo encontra-se exatamente na Vibração Pessoal que continua a comportar-se em todos os aspectos, como a lixeira da área de trabalho, permitindo assim, que uma vez que a memória do disco rígido foi limpa dos conflitos, recuperar e reinstalar as imagens que estavam nele. Com a recuperação das imagens, acaba a desorientação ocasionada pela perda de todas as informações que foram consideradas válidas até aquele momento, e começa a abordagem da nova realidade Quântica.

4. Conquistar a Vibração Pessoal.

Com o Delta se cria a "nova mente racional" do indivíduo, com a percepção nova.

É necessário, então, aprender a encontrar sua própria Vibração Pessoal, com a finalidade de "preencher" a mente racional esvaziada e desorientada após o abandono da "Mente Estranha" ou das respostas automáticas, se preferir.

Utilizando conscientemente as ondas Delta poderá visualizar a própria Vibração Pessoal. Depois de uma "preparação adequada", e através do que por conveniência pode ser definida como um tipo específico de meditação profunda, é possível a cada pessoa o acesso ao Centro do próprio Poder Psíquico.

Cada pessoa devidamente preparada, será capaz de utilizar conscientemente e gerenciar as ondas produzidas na mesma. Depois será suficiente pensar à própria Vibração Pessoal, e pensar de querer ver a melhor imagem absoluta por si mesmo em um determinado campo da própria vida.

Um ponto de passagem espaço-temporal vai se iluminar nesta, e se poderá ver a imagem que está ao interno. Basta observá-la e memorizá-la, sem proferir alguma palavra, cada coisa acontece através das imagens, é suficiente somente observar.

Ver a própria emanação, pela primeira vez, é o quanto de mais lindo e fascinante que possa existir. Esta aparece na forma descrita, e as linhas são extremamente finas, infinitésimas, quase imperceptíveis e brilhantíssimas. Os pontos de intersecção espaço-temporal também são eles pontos de luz que sob um comando se abrem como túneis de luz, permitindo atravessar o espaço e tempo que, aparentemente, separara os indivíduos da imagem pedida para conhecer. É como fazer uma viagem através das infinitas galáxias do "Universo, enquanto que em realidade, se está fazendo uma viagem em si mesmos e em todas as próprias possibilidades Quânticas, optando por entrar cada vez em uma dessas. Na verdade, se pensássemos em juntar todos os pontos decorrentes pela intersecção do espaço e do tempo, obter-se-ia nada mais, nada menos, do que as trilhas fotônicas de todas as possibilidades Quânticas do Ser ao qual pertence a emanação...

Amor e beleza se unem na contemplação da imagem da própria emanação, e é neste ponto que o "indivíduo" compreende o paradigma em que é a beleza a ponte entre o humano e o divino, é o caminho colocado entre o Céu e a Terra, e a Forma do Amor ...

A partir deste momento, o cérebro começa a procurar e a criar em qualquer e em todo lugar o que é beleza.

5. Conquistar a Vibração Universal.

Da mesma maneira como acima, é possível conquistar a Vibração Universal, e ter acesso às imagens contidas dentro dos pontos de intersecção dimensional.

A utilidade deste aprendizado é diferente, porque este é finalizado à expansão da consciência dos seres humanos. O acesso à Vibração Universal, é finalizado a levar as imagens para o cérebro que há milênios já não estão mais presentes na mente humana, tanto que também perdeu os rastros do interno da Vibração Pessoal. A perda de tais imagens é sempre referida a convenção de espaço e tempo ao qual o cérebro humano tenha escolhido para se adaptar ao longo dos últimos milênios.

Já que o cérebro perde as imagens cada vez que aparece o conflito, ou seja quando falta o alinhamento das três regiões do cérebro em si, e, em seguida, entre as necessidades biológicas e a verdade aprendida, pode-se deduzir que a perda de algumas imagens, desapareceram inclusive da Vibração Pessoal, denota a extrema conflitualidade entre as convenções de espaço e tempo e o cérebro biológico. Por outro lado, indica a relação destas convenções somente com a esfera do córtex cerebral, ou seja às memórias aprendidas.

Disso tudo, pode-se deduzir que o "ser humano" nasce originalmente para viver no tempo circular, e só mais tarde ele tem que se adaptar a viver no tempo linear, com muito esforço e dispêndio energético.

Pode-se até afirmar que o grande conflito inicial seja único e igual para todos os seres humanos: viver no tempo linear. Somente colocando na base de todos os conflitos este grande e único conflito, é possível compreender todos os medos da humanidade, que tem como único ponto temível a chegada morte do corpo. A supressão da vida num Plano Dimensional de Existência. Estes medos não existiriam sem o medo da morte, e esta não existiria sem o conceito de tempo de uma forma linear.

198

Lucia Dettori

Capítulo VII

MUDAR AS INFORMAÇÕES CELULARES

Ao interno de um caminho de evolução e de consciência como este que está escrito no presente livro, a harmonia e o equilíbrio devem ser alcançados em todos os níveis, sem exceção. Para a realização de um tal estado de equilíbrio harmonioso com o Universo, é necessário evitar, na maneira mais absoluta, que a Existência do indivíduo possa ser penalizada em qualquer Plano Dimensional.

Para uma melhor compreensão do conceito, se pense, por exemplo, às várias disciplinas em que ao longo dos séculos significou sacrificar o aspecto corporal em favor do espiritual. Não pareça tão longe tal situação, porque no tempo presente se continua, mesmo na vida cotidiana, a desacreditar o aspecto corporal em favor do aspecto intelectual, considerado de alguma forma de maior valor. Neste momento histórico, enquanto se está para abandonar a antiga grade, e se está migrando para a nova, é importante ter a harmonia do todo, e em seguida a dar o justo equilíbrio para a existência corpórea dos seres humanos. Estes existem no terceiro plano dimensional através da agregação das partículas e matéria. Isto é quando se trata de uma realidade que não deve ser discutida, mas simplesmente aceita como parte ativa do que o Universo fez.

O ser humano, existe neste Plano Dimensional, também a nível corporal. Este nível é, evidentemente importante, por isso é necessário ocupar-se dele, conservá-lo e preparar-se para passá-lo, assim como em outros níveis. A transição para a multidimensionalidade do ser humano, inclui também o corpo. Esta é a grande novidade. Muitos seres existem no Universo em vários Planos de Existência, mas somente os seres humanos existem a nível corporal. Este é o motivo pelo qual neste Plano se encontram em vida e encarnados num corpo, os Seres que devem ajudar o planeta na passagem.

Na verdade, só quem tem o corpo, pode entender muito bem quais são os passos a tomar e a evolução a se fazer e ajudar para que a passagem dos Seres a quem é dado acesso a multidimensionalidade com o corpo também – os seres humanos precisamente – possa acontecer da melhor maneira possível.

Observando a partir desta nova perspectiva, o corpo humano, considerado desde sempre da maneira de um grande obstáculo para a evolução, conceituado na sua mais alta expressão, só e exclusivamente intelectual, emocional e espiritual, torna-se invés disso de primordial importância. Tão relevante, a ponto de torná-lo impossível a intervenção ativa de outros seres do Universo. Estes podem de fato desempenhar um papel na transmissão de outros conhecimentos e de ajuda no despertar do potencial humano. Mas não podem ocupar-se ativamente, seja porque carentes de um corpo físico que lhes permite conhecer profundamente a correspondência nível corporal às solicitações externas de mudança, seja pelo respeito devido ao princípio do livre arbítrio, que permeia cada coisa no Universo; portanto a evolução humana é, depositada aos seres humanos e será a sua tarefa exclusiva.

Dada a sua importância fundamental, a questão de salvaguardar e a evolução do corpo físico, será portanto tratado neste capítulo as partes fundamentais. A partir da discussão, será fácil deduzir qual é a direção que o Plano Dimensional onde o próprio corpo existe, está se dirigindo.

1. Ser e Seres em Voo.

Aqueles que começam a criar a nova realidade da própria vida em cada setor, sem exceção, estão em "voo", porque fizeram o pulo para fazer Salto Quântico. Todos aqueles que são Seres em voo, completarão o salto, porque tudo o que passou em suas vidas também acabou para sempre. Qualquer um que comece a expandir a própria consciência se encontra temporariamente inquieto a respeito da realidade que o cerca, porque ele já começou a afastar-se dela e está criando a nova realidade. Esta última ainda não está ao seu alcance, no momento em que ele percebe que a velha realidade não existe mais. Por um tempo, terá que se adaptar mas então cada um vai encontrar a por si mesmo a maneira de interagir com o que é a realidade circundante. Então, e só então, se poderá começar o caminho para a realização do próprio objetivo de vida. Será este o momento em que o indivíduo vai perceber haver, no passado, sempre mudado a própria realidade em relação àquela já existente. Isto é, sempre fez solicitações de mudança que a partir do próprio ponto de vista representou uma melhoria em comparação ao existente. Mas quando está se preparando para mudar a própria realidade, no sentido absoluto, sem termos de comparação com o passado precisa estar pronto para viver sem algum padrão, para compreender que cada coisa pode ser utilizada para sua própria vantagem, para satisfazer suas necessidades, e seja que façam, ou não, parte da sua estrutura original. Quando se toma uma decisão deste tipo, e se começa a colocá-la em prática, cada coisa pertencente às velhas grelhas muda, porque uma decisão deste gênero pressupõe a transição definitiva para a nova realidade. A atual conjuntura histórica é tal, que fazer o Salto Quântico neste momento é equivalente não só escolher a trilha fotônica onde se quer viver, mas também a passagem automática para a nova rede e, em seguida, para a multidimensão. Se houvesse uma escala de valores capazes de avaliar a potência de um Salto Quântico, se poderia, sem dúvida, afirmar que o Salto Quântico realizado no momento histórico em que se está agora, corresponde ao salto máximo possível. Este é, de fato capaz de levar o indivíduo que optar por fazê-lo, não mais somente numa outra linha Quântica de realidade da própria vida, mas mesmo em uma outra linha Quântica da realidade terrestre e, portanto, Universal. Tudo está mudando, tudo é em transição já por si mesmo, portanto, a escolha de mudança também e a consequente realização de tal mudança por parte de um único indivíduo, influencia muito na aceleração da mudança do Todo.

Chegou a hora para todos os seres humanos, de aprender a ser os "malabaristas", a ter o domínio da vida, para se deslocar nesta em modo constantemente novo e divertido, para criar beleza e harmonia infinita ... Este é o momento da liberdade absoluta do abandono total de quaisquer restrições, de estar em sintonia com o todo, de estar na sincronia universal, no tempo circular, no infinito... Este É o tempo de início do novo caminho ... O Salto Quântico neste momento histórico é: existir a infinitos níveis e em infinitos lugares, e para o infinito. Agora aqueles que têm seguido este tipo de caminho para a própria consciência, são capazes de compreendê-lo.

2. Modular o Conceito de infinito.

Quando você chegar a um ponto de conhecimento tão profundo como o discutido nos parágrafos anteriores, então se faz necessário livrar se de todas as limitações, quaisquer estas sejam.

No momento em que você está prestes a começar a própria viagem na nova possibilidade Quântica escolhida para a própria vida, é necessário introduzir novos conceitos que estão além do conhecimento humano presente e passado, e que são conhecidos dos seres humanos apenas sob a forma de ideias abstratas. Nunca foram assimilados completamente pelo próprio Ser, tanto que não é possível encontrar alguma imagem a lhe atribuir, nem dentro das Emanações pessoais dos indivíduos, nem da Emanação da Terra. Se trata então de projetar novas imagens e proceder para a expansão da consciência humana. Tais conceitos serão, portanto, aprendidos com a Vibração Universal. Isto porque o cérebro humano está programado para reconhecer e ler imagens das quais há de alguma forma conhecimento, seja por via direta ou por via indireta. Ou seja, o cérebro é capaz de ler imagens que ele mesmo está habituado a ver, ou que alguém leu antes dele ou mesmo que alguém lê no momento ao qual está ao lado de alguém. É fácil compreender esta modalidade de funcionamento do cérebro, sobretudo depois de tratar as memórias biológicas e também a modalidade de comunicação celular. De fato, foi dito muitas vezes que "célula fala para célula". É este tipo de funcionamento que explica o comportamento do cérebro humano.

Para entender melhor o conceito, vamos ver como exemplo o que aconteceu a uma menina de seis anos de idade.

Dir-se-á que esta menina nasceu nas montanhas e viveu sempre ali. Portanto conhece as montanhas desde o primeiro dia de vida, mas para ver o mar deve esperar até uns seis anos de idade, quando ela saiu de férias com seus tios, acompanhada por sua irmã mais velha. A menina observa as cores vivas e intensas, memoriza os sabores e as imagens desse primeiro dia de férias. Enfim, depois de uma viagem maravilhosa e, na sua opinião, comprida, chega num pequeno bosque de pinheiros, e enquanto os adultos são ocupados em desfazer as bagagens e estabelecer-se em casa, sua irmã maior, pagando no braço a pequena, daquele bosque mostra o mar ao longe. Indica com o dedo, e depois ansiosa pergunta:

"você o vê"? A resposta da pequena a deixa perplexa, porque ela diz "não". E de fato não o vê, vê somente o céu. Mas quando a irmã mais velha insiste uma e outra vez, a pequena nota que o céu se torna gradualmente mais escuro, enquanto desce até tocar o horizonte. Explica à sua irmã mais velha, que vê só essa diferença, e ela explica que exatamente aquela parte mais escura é o mar. A partir desse momento, o mar torna-se para a criança, "a banda mais escura do céu antes que se juntar com a terra".

Isso significa que a menina nasceu sem ter a imagem do mar, mas esta imagem estava presente, em todo o caso, na sua Vibração Pessoal, porque alguém próximo a ela o conhecia.

Sua irmã já tinha de fato aprendido, por isso consegui transmitir a ela, fazendo passar da emanação direta ao seu cérebro, e isso foi, num tempo relativamente curto, e capaz de decodificar e guardar na memória para sempre tal imagem. Isso é portanto o que acontece continuamente ao cérebro biológico quando vê as imagens: decodificação de acordo com os sistemas já existentes no indivíduo ou em grupos de indivíduos, e coloca-o na memória. Mas, se ninguém antes, durante milênios tenha decodificado a imagem de algo que aparece perante os olhos, então não se será capaz de vê-lo, simplesmente não existe. No caso do exemplo acima, o mar não teria existido, teria sido apenas o céu. Por isso, nesta seção, se trata de imagens que não existem na mente humana e interessam principalmente a concepção diferente de tempo e espaço, e, em modo particular, como a circularidade do tempo e a sincronia Universal. A linearidade do tempo na qual foi amarada a Vibração Pessoal por várias eras, fez com que esses conceitos tenham sido tirados da própria emanação, e substituídos por conceitos relativos ao "finito". O afrouxamento atual de coesão da Vibração da Terra, permite se conectar à Vibração Universal que – como já mencionado – é dada pelas intersecções dimensionais, na verdade, nesta não existe nem tempo nem espaço, e os pontos de interseção são feitas de planos e de vibrações. Uma vez que se "entra" na Vibração Universal, se trata de tomar a imagem para projetá-la na Emanação Pessoal e de consequência no cérebro das próprias pessoas.

Todos os assuntos tratados até agora levam à conclusão natural que aos fins da expansão da consciência, o primeiro conceito do qual se projetar a imagem, diz respeito ao conceito de "infinito". Inútil é dizer que isso só pode ser feito em Delta. Mais precisamente, se tratará de pôr-se na Vibração Universal, em um ponto específico de Intersecção Dimensional, tomar a imagem de infinito e projetá-la na Vibração Pessoal de cada um.

Uma outra razão pela qual a expansão da consciência começa a partir do conceito de infinito, é que na nova realidade Quântica comum, se deve ser capaz de conceber: infinito, lugar, espaço infinito, mudanças infinitas, lugares infinitos mundos infinitos, interações infinitas ... serve em suma a conceber a vida no mundo ao infinito.

Porque conceber a vida desta forma?

Sem este conceito, e até agora é assim para os seres humanos, se sucedem conceitos finitos que dão a ideia da inutilidade de uma vida infinita, e isso é porque a vida levada ao infinito é considerada atualmente repetitiva e, portanto, inútil.

Graças ao novo conceito de "infinito" e, sobretudo, à consciência de conhecimento, a partir deste momento pode se ampliar os próprios horizontes e começar a abandonar o conceito de finito que tem permeado até agora a vida humana na Terra, dando espaço para a dualidade e ao contraste. Até agora, o cérebro humano tem, de fato, somente pensado ao infinito, o concebeu como um pensamento, mas jamais o colocou no mesencéfalo e no tronco cerebral, fazendo com que se transformasse numa parte de si mesmo. Através da nova imagem de infinito presa da Vibração Universal, o cérebro humano começa a se comportar como infinito. Abandona os preconceitos, tais como aqueles que veem a vida eterna como punição. Aonde se pensa que se vive em eterno, se é forçado a ver as pessoas com quem se viveu serem afastadas para sempre, e outros preconceitos do mesmo tipo. Com a nova imagem de infinito, o cérebro expande a própria visão, até quando se perceber que infinito existe, existe para todos, e, portanto, ninguém deve morrer antes dos outros se você não quiser.

E então, ele compreende a coisa mais importante, e isso é que infinito não é a mesma coisa de eterno. Eterno é na verdade uma espécie de maldição, algo que você não pode escapar, uma sentença final, e portanto esta também finita. Enquanto que no conceito de infinita é incluída a prerrogativa da mudança. Infinito é algo que muda continuamente, não é estável, portanto viver a "vida ao infinito" significa viver até quando não se deseja mudar. E no caso especifico, mudar pode significar abandonar o corpo, mudar-se para outro lugar, levar-se para outro Plano de Existência, mas também ir para outro lugar com o próprio corpo, e ainda outras possibilidades.
Possibilidades Infinitas.

3. Reativação da Glândula do Timo.

Quando os indivíduos aceitam dentro si mesmos o conceito de infinito, fazendo com que o seja próprio, então significa que estão prontos a viver a vida no infinito. Neste sentido, se optar-se por viver na possibilidade Quântica da vida no infinito, pode-se interagir e dar substância a esta realidade, através da mudança das informações contidas no corpo humano.

Então se apresenta a necessidade de preservar em toda a sua funcionalidade a glândula Timo.

Prestando atenção à descrição da localização exata da glândula no corpo humano – atrás do Esterno, apoiado ao pericárdio - se percebe que este é o ponto exato que, após ter-se encontrado o equilíbrio relativo a ser "Um com o Universo", vê-se o coração do Ser. O centro de si mesmo daquele momento em diante. O ponto onde se individua o "Centro do sopro Vital".

Ocupar-se em manter em plena eficiência a glândula do Timo, corresponde a buscar o modo de garantir que esta evite de se atrofiar, apesar da circulação de hormônios sexuais.

Ou seja, continue a produzir linfócitos, não somente para defender o organismo, mas também e, acima de tudo, a preservá-la do envelhecimento.

Seguindo em ordem, observando as várias etapas feitas até este ponto pelo indivíduo neste caminho de evolução pessoal, e fácil perceber que o sujeito tirou de si quase tudo o que pesou no seu ser. Viu desaparecer em um curto espaço de tempo: crenças, coisas, eventos, pessoas, pensamentos, comportamento, conflitos ... tornou-se consciente e presente, mas exatamente naquele ponto, no centro do peito, ainda permanece alguma coisa para ajustar.

A remoção das cristalizações das sequências emocionais não concluídas, ocorreu e tem influenciado a nível espiritual, é necessário portanto, reativar também o nível material, para que haja novamente a correspondência entre os dois níveis. Portanto é necessário proceder com a reativação da glândula Timo e levá-la de novo a ter todas as suas funcionalidades. Para realizar esta intenção será necessário mudar as informações presentes nas células. Tais informações, preveem há milênios, que a glândula, desde o momento da puberdade, em frente comece a atrofiar-se. Mas esta informação também, assim como qualquer outra neste corpo humano, pode ser alterado com o uso de consciente das ondas Delta.

Isto é exatamente o que entendíamos quando dizíamos que se chegaria o momentmos o de mudar também o que até agora a biologia definiu "estrutural" no sujeito e, por conseguinte, "imutável".

Neste momento está se afirmando, que com o Delta é possível mudar as informações celulares que há séculos são definidas estruturais, visto que são apenas informações, e como adquiridas, são então, modificáveis. Isto, tem vastas implicações no campo da pesquisa, seja ela qual for. De fato, está se revelando a possibilidade de mudar a informação de envelhecimento e morte pelo envelhecimento, contido no estado atual nas células do corpo humano. Isto quer dizer que a imortalidade do corpo físico é possível.

4. Regeneração da Glândula do Timo.

Através da reativação feita com a utilização das ondas Delta, a glândula do Timo retoma suas funções, e as células perdem a memória do envelhecimento progressivo, porque tal memória não é mais transmitida a partir da glândula em questão. No entanto permanece memória de envelhecimento embora muito lenta e de morte das próprias células no final do seu ciclo vital. Estas memórias celulares são devidas ao fato de que, mesmo se limpa, a glândula do Timo continua a mesma. Assim, se faz necessário regenerá-la conscientemente, porque somente desta maneira as memórias celulares, visto as convenções milenares de espaço e tempo, que foram herdadas por cada ser humano ou animais que residem no Plano Dimensional de Existência na qual se encontram corporalmente, podem ser canceladas completamente e substituídas pelas leis relativas a outras dimensões.

A glândula Timo será visível na Vibração Pessoal daqueles que receberam a formação necessária na meditação profunda. Uma vez que se visualiza e identifica a glândula em emanação, se mandará (em meditação) ondas de luz   com a finalidade de regenerá-la.   É espetacular o que se pode contemplar na consciência das ondas cerebrais Delta.

Pode-se ver a glândula que se apresenta inicialmente de uma cor vermelho-rubi.   De repente, esta começa a girar fervorosamente em senso horário tornando-se gradualmente mais e mais branca e brilhante, até aparecer feita de luz branca intensa no momento que para de rodar. A luz da qual é feita se amplifica entorno a tudo. Geralmente paramos para admirá-la fascinados. Quando se realiza uma regeneração deste tipo, mesmo depois de ter aberto os olhos, a imagem da glândula feita de luz e o seu esplendor dentro do corpo continuam a ser real para aqueles que fizeram a "Obra", como se o que acabou de ver continuasse a acontecer sob seus olhos, dando a sensação de ter realizado algo realmente grande.

É emocionante compreender o que aconteceu no cérebro: Acabou de se criar a imagem da glândula regenerada e tudo aconteceu de uma forma intensa que se imprimiu na mente. Essa a transmitiu ao corpo que por sua vez começou a mudar a realidade. Essa é a maneira em que a realidade muda constante e sempre: basta ter a imagine vivida do que se quer fazer. O motor deste processo é o desejo, por isso existe algo de verdadeiro quando se diz que se não se sabe exatamente o que se quer não se pode criar a realidade. Significa, simplesmente, que se não existe um desejo muito intenso que se leva a procurar a imagem mais adequada para si da coisa que se quer, então essa coisa não pode ser criada para si, nem por si ou por outros.

Procurando a imagem da glândula Timo e da sua regeneração, o operador em Delta cria num modo muito simples a regeneração das células do corpo, sem a informação genética do envelhecimento e da morte. Neste ponto se compreende plenamente a potência da Lei da Delta.

Essa é imensa, incomensurável, como somente o Universo sabe ser.

5. Vibrar à Intensidade da Luz.

Erguer no organismo humano a vibração celular e a capacidade de transmissão de informações entre as células até levá-las a atingir a velocidade da luz, significa fazer com que as células se regenerem continuamente pela própria luz, já que elas são capazes de vibrar com a mesma intensidade. A nova Vibração conseguida facilita o rejuvenescimento destas e a consequente mantem infinitamente este estado, porque a energia da luz é inesgotável.

A regeneração contínua das células também coincide com a cura e manutenção contínua e perene da harmonia. A elevação da vibração celular, é muito interessante e se encaixa bem na discussão sobre a Lei das Dimensões. Sem esta elevação, de fato, o método que envolve o uso consciente das ondas Delta tem efeito imediato no indivíduo a nível espiritual, intelectual, emocional e sexual, ou seja, está em todos os Planos Dimensionais de Existência, excetuando-se apenas o terceiro plano. Neste último, diz-se, prevalece a existência ao nível do material/corpóreo do indivíduo, e na implementação de mudanças postas em prática através das ondas Delta, é necessário confrontar-se com a convenção de tempo linear. Então, a este nível humano, observa-se que o Delta funciona, mas a mudança segue os prazos, mesmo que acelerados das memórias celulares, ou seja o tempo biológico necessário para as células do corpo terem todas a mesma nova informação, ou melhor, para reproduzir-se com as novas informações.

Neste período de tempo, que é cerca de 30 dias, a passagem das novas informações para todas as células pode ser também cancelada ou rescindida por combinações químicas com resíduos da rede antiga. Ou seja, emoções relacionadas com questões do passado.

Com a vibração e a capacidade de elevada transmissão celular à velocidade da luz, a rede antiga já não pode intervir para criar modificações, pois mantém uma vibração muito baixa. Desta forma, atinge e estabiliza a melhor forma do corpo, no que diz respeito à potência, flexibilidade, adaptação, força, beleza ... que o faz capaz de viver a longevidade infinita.

Já foi explicado na introdução do presente capítulo, qual é a razão que nos leva a procurar a beleza e juventude do corpo físico infinitamente. Foi dito que, assume particular importância na evolução do Delta, a beleza e a jovialidade do corpo, ou seja a forma física, que é a modalidade de existência no mundo no qual nos encontramos neste momento. Neste ponto, será fácil combinar tais assuntos, com o assunto no qual se afirma que a beleza está em tudo, e que, se os seres humanos serão capazes de compreendê-la, então, serão capazes de chegar até a energia do Universo e consequentemente, serão capazes de elevar a vibração. E conectando-os, compreendê-los plenamente na sua essência. Na verdade, foi dado, anteriormente, o conceito de beleza como uma forma do divino, mas agora é fácil de entender em termos de energia. A beleza é a forma de energia vibracional máxima, e está presente nas memórias de todos os seres humanos. Isto significa que quando se tem a beleza, se vê a beleza ou simplesmente se intui a beleza, já se está no plano divino. A beleza é o que aproxima o homem de Deus, então, já que se pode ver a beleza, se é capaz de captar a energia vibracional máxima, isto significa que se está vibrando a um nível muito elevado, portanto, se é capaz de criar harmonia e equilíbrio. Atingido um certo grau de evolução, então, a beleza, é um movimento da alma, é a luz que se reflete no corpo. É consciência que se materializa fazendo-se visível a olho humano através da beleza do corpo físico. Não se pode haver iluminação, consciência, evolução espiritual, sem que essa resulte em beleza física, porque só assim se terá tido acesso à Unidade, somente neste modo se é um com o Universo, na verdade, só desta forma se é um Ser completo e se supera o dualismo portanto a oposição. Porque o Universo é a soma infinita de incomensurável beleza. Somente com a Beleza se completa o Ser em harmonia consigo mesmo.

Uma vez que se consegue encontrar a beleza dentro de si, e trazer a imagem para o cérebro de forma consciente, então se terá acesso total à energia do Todo, e se elevarão as vibrações. Esta afirmação significa simplesmente que a energia eletromagnética emana do corpo vibra com vibrações mais elevadas e irá garantir que as emanações pessoais e Universais sejam sempre mais acessíveis para o nível consciente.

Ao longo da discussão, foi sublinhado o conceito segundo o qual, se levar a nível conscientemente imagens diferentes ao cérebro, pode-se mudar a própria vida. Se isso for verdade, então também é verdade que, se leva ao cérebro a imagem de beleza do corpo físico, este vai começar a elevar as vibrações em todo o ser, porque para o princípio holográfico e para o princípio de unitária, o cérebro vai perceber aquela do corpo físico como a beleza do Universo. E assim é, de fato. Acontece que qualquer um que vive em beleza, com a consciência e sem conflitos ou preconceitos, já começou a elevar suas vibrações.

De acordo com o que foi dito, é fácil deduzir que um caminho de evolução pode começar a partir deste ponto: elevar a vibração celular e a capacidade de transmissão na velocidade da luz. Trata-se da vibração e transmissão máxima das células, por conseguinte, porque o corpo humano não é habituado a tudo isso, são necessárias a absorção e a aprendizagem da modalidade de gestão, das solicitações dadas pela elevação das vibrações e transmissões. Tais solicitações podem referir-se a mudanças de temperatura, estados de excitação e insônia. O corpo vai precisar de, pelo menos, 15 dias, para aprender a gerenciar o novo estado ao qual se irá a encontrar do momento de elevação em diante.

6. Dialogar com as Energias.

Quando se começa a vibrar com uma vibração muito elevada, como a da luz, existe a possibilidade de se comunicar com qualquer Energia do Universo de dialogar com cada uma destas, aprendendo e sentindo qualquer tipo coisa. Chegando a este nível de evolução, de fato, o ser humano dificilmente ainda pergunta alguma coisa ou tentar obter, porque já mudou a própria vida e obtém continuamente o que eles precisam, sem ter que pedir mais nada. Agora, lhe interessa somente a aprender a administrar bem a sua nova realidade, e também começa a interessar-se ao bem dos outros, com o máximo respeito para cada tipo de escolha, portanto sem interferir na obra de ninguém, a menos que haja pedido explícito para tal. Não é necessário – no dialogar com as energias universais – usar verbos no modo imperativo, porque o cérebro, colocou a máxima vibração nas suas células e abandonou os medos e "sentimentos de inferioridade" em relação aos seres do universo e dos infinitos Universos. Com o aumento da vibração máxima, o ser humano tornou-se plenamente o "homem-deus" e pode se comunicar com qualquer forma de energia: seja que se trate da sua mesa de trabalho, do dinheiro, de animais, outros seres dimensionais, seres de outros universos ... Fica-se surpreso, quando o corpo, ou qualquer outra coisa com o qual se estará dialogado, respondera dizendo coisas que nunca se tinha pensado antes.

Tudo isso é possível, porque vibrar na máxima vibração significa simplesmente Ser Amor Universal, e tudo responde ao amor. Sempre.

Capítulo VIII

A NOVA ONDA QUÂNTICA

Até agora, o assunto foi baseado em conhecer-se a si mesmo, compreender as próprias necessidades biológicas, compreender o próprio passado, livrar-se do conflito, olhar para dentro de si mesmo e olhar em direção do exterior, vislumbrar qual é o Grande Plano do Universo no que diz respeito à existência no terceiro Plano Dimensional.

Neste capítulo, se terá acesso a uma nova parte: se ponderará sobre como criar a nova realidade e como destacar-se progressivamente de todos os velhos padrões.

Portanto, se descreverá sumariamente um novo método, o qual é precisamente o da criação da imagem usando a projeção em Delta. Isto significa criar um novo esquema, mas este é temporariamente necessário, já que é um esquema que ajuda a compreender que se pode criar todas as opções que se deseja, uma vez que se está livre dos esquemas. Em realidade é claramente uma contradição de termos, portanto, precisa considerar tudo isso como um exercício em que se pode aprender um método útil para criar alguma coisa a partir de outra. Obviamente é necessário ter-se sempre presente, porque o objetivo final de um caminho de evolução pessoal é aquele de criar a máxima adaptabilidade, a máxima integração, a consciência máxima e a máxima expressão do indivíduo no Universo – em poucas palavras, a maior evolução de ser humano – cada esquema que é criado no início, deve ser necessariamente posto em discussão, até ao final do mesmo. É necessário que cada um encontre por si mesmo o modo para abandonar qualquer possível esquematização da realidade.

Com os argumentos tratados até agora se tentou dar uma ideia do significado de mudança total ínsito na definição de "Salto Quântico". Neste ponto da discussão, se observou a indispensabilidade e concatenação do Todo, compreendendo plenamente o alcance do caminho percorrido, compreendendo que já que tudo é conectado, não se pode mudar apenas partes da própria vida, mas esta deve ser mudada em todas suas partes, em todos os aspectos, porque agora mais do que nunca – devido à desaceleração da rotação da Terra e à abertura da velha rede – se é um com o universo. Até agora, podia-se pensar em mudar a própria vida, cultivando porém a mais íntima convicção de fazê-lo apenas em parte, isto é, mudando apenas as partes da sua própria realidade considerada particularmente irritantes. Porém quando se tem acesso ao conhecimento, é necessário aceitar que a própria vida mude em cada uma de suas partes, em cada detalhe, porque só assim se pode dar o Salto Quântico.

Somente quando o indivíduo tenha compreendido e aceitado a necessidade de mudança total se poderá realizar a evolução consciente de todos os indivíduos.

1. Ancorar-se às Novas Trilhas Fotônicas.

Indicou-se uma forma adequada para expressar o desejo e mantê-lo vivo constantemente na própria realidade. Foi, portanto, interessante encontrar uma maneira de criar a sua própria realidade: expressar uma gama de desejos consistentemente articulados tanto a "cobrir" as áreas mais importantes da própria vida.

As áreas identificadas são, geralmente: trabalho, relacionamento sentimental, família, relações sociais, e foram articuladas para a realização de acordo com o esquema:

DESEJO, PEDIDO CORRETO, REALIDADE.

Aqui é necessário, explicar ao próprio cérebro, quais são as coisas que se quer alcançar em cada área para que ele as tenha claro. Uma vez feito isso, é importante tornar para a emoção que tinha sido associada, no passado, à realização de desejos similares naquelas áreas específicas. As emoções excluídas pelo conflito serão facilmente encontradas, porque são presentes na Vibração Pessoal. Desta forma, as emoções, voltam a estar presente conscientemente no cérebro de indivíduo, reativando totalmente a função do mesencéfalo.

Quando as emoções encontradas, são justapostas por meio da utilização consciente das ondas Delta, as imagens correspondentes aos desejos expressos, entram na fase de "ancoragem" da onda da nova realidade Quântica que se escolheu para viver entre as tantas potencialmente. Na fase de fixação da nova onda Quântica, o indivíduo é capaz de perceber que a própria vida mudou em grande parte, e que, para a maioria do tempo é exatamente assim como ele escolheu que fosse. No entanto, é evidente que em alguns períodos – sempre mais curtos – se tem a sensação que tudo retorne a ser como antes. É um movimento ondulatório que desorienta um pouco, devido ao fato de que a nova realidade ainda não foi totalmente estabilizada. Esta fase intermediária, no entanto, tem a sua utilidade, porque permite obter a certeza que a escolha da nova realidade Quântica obtida, seja aquela "o melhor para si", deixando que ocasionalmente reapareça a velha realidade, para poder ter uma comparação. O cérebro humano, preso em esquemas desde milhares de anos, sente ainda a necessidade confrontar-se um pouco, embora raramente, e isso dá uma certa confiança, apesar de seu desagrado. É uma contradição, aquilo que leva o Ser a ficar mal ao reencontrar algo que no passado lhe pertenceu, mas é assim que acontece. Quando se está firmemente convicto do que fazer, aparece, todavia o momento de fixar a onda da nova possibilidade Quântica e finalmente estabilizá-la, para que esta seja a nova realidade. Para evitar que exista discrepância entre a ação e a realização, ou seja para evitar de entrar outra vez no tempo linear afastando-se da sincronia do Universo na qual cada coisa acontece aqui e agora é indispensável utilizar a Lei do Delta. Se trata realmente de abandonar a última discordância entre tempo linear e tempo circular e isso é possível com o uso consciente das ondas Delta.

Observando o que acontece na vida de quem fez o Salto Quântico, nota-se que tudo se cria pela sua expressa vontade e a nova onda Quântica é fixada. Todavia a nível de existência dimensional permanece um sutil diafragma que separa a dimensão corporal das outras dimensões existenciais nas quais a onda é fixada e a nova realidade está se demonstrando. A presença de tal diafragma, implica a permanência de uma sombra de tipo temporal. Trata-se de uma espécie de papel celofane que é necessário remover para que "o criado" se propague na cotidianidade. Para liberar-se deste sutil diafragma, é necessário primeiro de tudo tirar definitivamente da própria vida a rede do ar, ou como se prefira chamar, rede antiga: trata-se dos últimos fragmentos da velha realidade. Como gravilhas, ficaram esperando para serem prontas para a mudança total. Os fragmentos de fato, filtraram a nova realidade desacelerando-a para o máximo bem do indivíduo.

Quando este está pronto para mudar também as últimas coisas que ficaram, tudo em volta, significa que chegou o momento de tirar imediatamente a película sutil da rede do ar. É o momento de liberar-se do supérfluo definitivamente. Uma vez que se liberou da película sutil, se está pronto a fazer a última passagem em direção da realidade criada. Se é consciente do fato que para criar a própria realidade ou para escolher entre as várias possibilidades Quânticas, é necessário ir para outros Planos Dimensionais de Existência, onde não existam as convenções de espaço e tempo e nos quais, diga-se agora, não haja correspondência nem significado. Portanto é necessário aprender a transpor na própria realidade com efeito imediato nessa, o que é criado em outras dimensões. A procura de tais modalidade e o confronto direto com as implicações derivantes da convenção de tempo é, entre as mais fascinantes e apaixonantes que se possa encontrar num caminho de evolução. Em verdade é relativamente fácil conseguir fixar na própria vida a onda da nova possibilidade Quântica. Esta modalidade, que se pode definir intermediária, já funciona, realmente tudo se faz, começa a fazer-se do momento em que a onda é ancorada. Todavia o tempo necessário para a mudança total da realidade de uma pessoa, em cada parte sua, leva mais ou menos um ano solar do tempo linear. Conseguir estabilizar a onda Quântica, significa obter a realização a nível corporal/material dentro de uma média de vinte e quatro a quarenta e oito horas. Este grande resultado, é conseguido através da colocação das imagens relativas à nova realidade Quântica escolhida para a nova vida, diretamente ao interno da hélice dupla do DNA.

De fato, se a projeção em Delta da nova imagem em três pontos precisos do cérebro realiza a fixação da nova realidade criada, a sucessiva projeção em Delta da mesma imagem dentro da hélice dupla do DNA permite a estabilização praticamente imediata de tal realidade. Com isso a imagem vai-se a colocar sozinha na hélice dupla, assumindo a sua consistência natural do conjunto de elementos químicos, da mesma natureza do corpo, porque já é do mesmo tipo do Universo.

Usando um modo mais simples, pode–se dizer que, desta forma, a imagem criada aparece já elaborada na forma a qual serve ao corpo humano. A imagem criada se apresenta já sob a mesma forma dos componentes químicos conhecidos, e então já está no DNA. Este é o profundo significado de certas expressões idiomáticas na qual dizem: "Tem o comércio no DNA" ou "Essa pessoa que entrou no DNA" ou "Tem a música no DNA" ..., portanto, se trata de fazer conscientemente o que já esteve presente na memória biológica, o suficiente para ser proferida também nas formas de falar.

Mais uma vez, descobrimos que tudo fala do Tudo, basta apenas querer lê-lo.

2. O Desejo Irresistível.

Até agora, tem sido dito que é possível continuar com a criação da realidade através do uso de uma emoção. Isto é, através da conexão de uma emoção que para o indivíduo no passado, "funcionou", à realidade a ser criada.

Este mecanismo funciona, no entanto, exatamente porque se vai recuperá-lo de uma memória passada, atualmente é apresentado como um esquema que já envelheceu e, portanto, não é relacionado completamente a nova realidade. Ao criar a nova realidade desde o início, sem relacionar-se à experiência do passado, precisamos encontrar a emoção que é capaz de criar o novo. A emoção que é melhor para se utilizar, paradoxalmente é sempre a mesma para todos os indivíduos, trata-se da emoção do *desejo irresistível*.

Isso se aplica a todos, sem distinção. É a única coisa que parece ser válido para todos indistintamente. Pode-se até dizer que o desejo irresistível é o que une todos os seres humanos. É o que faz com que os desejos de crianças se realizem. Isto é o que faz com que pelo menos uma vez na vida cada indivíduo tenha realizado um desejo seu. No entanto, é o que na maioria das pessoas foi perdida. Para reencontrá-lo, precisa-se retornar com a memória naquela vez em que foi realizado na sua vida algo que se desejava muito, mas que parecia quase impossível que pudesse se realizar.

Depois de ter encontrado a imagem através de uma busca consciente na memória, deve-se retornar com a mente quando se decidiu fazer a ação descrita nesta imagem, e em especial, toda a "emoção" sentida naquele momento. Esta emoção é sem dúvida o "desejo irresistível" que ocorre para cada pessoa de uma forma totalmente diferente, estabelecendo mais uma vez a diferença entre os indivíduos.

Depois de ter lembrado a emoção como sensação, o cérebro a coloca na memória e a associa com as palavras "desejo irresistível". Assim, a partir de então, quando você quer criar algo de fato, com efeito imediato, deve colocá-lo na emoção e pedir a imagem que se precisa. E é isso.

Isto é suficiente, porque foi encontrada a capacidade de criação conhecida que foi perdida quando éramos crianças. Na verdade, eu tive a possibilidade de notar que a exclusão de determinada emoção da memória das pessoas é sempre a que acontece numa idade entre quatro e dez anos. Ao ter forçado um tal abandono, em geral, foi um conflito que aconteceu logo depois de conseguir o que se queria. Um conflito que, na maioria dos casos foi induzida por uma decisão ou por uma ação de um adulto, procurando punir exatamente a capacidade de sua criação da realidade mais adequada para si mesmo.

Nessas alturas, pode se estar perguntando por que esse desejo deveria ser pego do passado, se tudo o que pertenceu à realidade Quântica anterior, se transferiu para a nova vida. A resposta é muito simples: sem ela não poderíamos estar aqui. O único verdadeiro impulso para a evolução, apareceu no gênero humano graças ao desejo irresistível de evoluir. Cada vez que se fala de fé, esperança e futuro melhor ... na verdade, se está falando de desejo de mudar, de evolução ... ou seja, em uma palavra de desejo irresistível.

E assim é, e assim será.

É necessário somente reativar a capacidade de sentir o desejo irresistível, para que todos recuperem a capacidade de viver como um Ser mágico, porque este é o potencial de cada ser humano.

Usando o desejo irresistível junto com a técnica Delta se conclui dentro de dois dias após, qualquer coisa, seja o que tenha sido criada deste modo, é na vida desse indivíduo que a criou, concreta e visível aos olhos de qualquer um.

A Fotogênese.

O que se aprende a fazer com o uso consciente das ondas Delta, é chamado Fotogênese, ou seja criação de luz. Tal termo é atribuído no vocabulário italiano – *Fotogenesi* – para algumas plantas e alguns animais, os quais, como o pirilampo, que gera luz em si mesmo e a expande ao externo. Isto é o que todos podem fazer sempre, uma vez adquirida a Lei do Delta. Com a própria luz cada indivíduo pode mudar a sua própria realidade e criar um mundo de luz para todos.

Ser capaz de gerar a luz, produz no corpo humano mudanças importantes, desde a troca de informações celulares feitas pela glândula Timo, até a relação com memórias biológicas mais antigas.

4. Abertura dos o Star Gate.

Conseguir a capacidade de produzir luz através da Fotogenia, é o índice da capacidade do indivíduo de aceder à Vibração Universal.

Como já foi descrito, a Vibração Universal também, se apresenta ao cérebro humano como uma esfera composta de círculos horizontais e de interseções verticais, e que formam sutis quanta fotônicos que dão a estes "meridianos" e "paralelos" um brilho iridescente característico. Nos pontos de intersecção dimensional, encontram-se as imagens de tudo o que existe Universo, incluindo imagens que nunca estiveram no cérebro humano, tais como a "imagem de infinito etc. ... Expandindo a consciência, os seres humanos são capazes de acessar e sobretudo de acelerar a "transição para a multidimensionalidade" para a qual se está dirigindo este planeta. E como é possível fazer isso?

Primeiro de tudo reconhecer o próprio "objetivo de vida" e, em seguida, cumpri-lo. O objetivo de vida é a razão pela qual se está em vida neste lugar, neste momento histórico, e em geral se pode dizer com certeza que qualquer pessoa que esteja seguindo o caminho que envolve o uso consciente de ondas Delta, tem um objetivo da vida, que é relacionado com o ajudar a Terra a fazer a passagem dimensional com alegria, graça e leveza.

Através do uso da Vibração Universal, é, portanto, possível – entre outras coisas – conhecer o próprio objetivo de vida.

Existe a possibilidade de sobrepor literalmente as duas vibrações, a pessoal e a universal, para obter informações individuais, mas com a visão geral do Grande Plano do Universo relacionada à evolução humana. É, de fato, possível fazer a Vibração Pessoal girar até que coincida com o ponto de intersecção espaço-temporal correspondente à imagem do objetivo de vida, com o ponto de intersecção dimensional da Vibração Universal, relativo ao mesmo objetivo de vida mas na totalidade do grande plano do Universo. Dessa maneira, na correspondência dos pontos se abrirá um Star Gate (porta para as estrelas), que permitirá a expansão da consciência do próprio objetivo pessoal a nível Universal. Poder-se-á compreender qual seja o lugar ocupado pelo próprio objetivo no grande plano do Universo e o que este, e, portanto o indivíduo ao qual pertence, concorre a criar dentro do Todo na Grande Evolução da espécie. Quando se encontra o próprio objetivo de vida não tem nada a se fazer senão realiza-lo. Fazer, infinitamente fazer.

RESUMINDO

É indispensável começar a encontrar as próprias necessidades, o próprio projeto-senso, o conflito, os medos, o modo de responder ao ambiente externo, a capacidade de uma pessoa de se adaptar, a potencialidade e os recursos.

Uma vez ciente disso, será capaz de identificar-se com clareza, as partes do arquivo que não são completamente próprias, e que é necessário mudar para estar em equilíbrio consigo mesmo.

Em seguida, com o instrumento do Delta cada um poderá fazer mudanças necessárias, alterando assim as suas vidas. Este instrumento permite que se altere as informações contidas nas próprias células e criar uma mudança onde quer que haja desarmonia.

Ele funciona porque atinge as profundezas do "Ser" e porquê usa a energia sutil na vibração mais elevada. Mas a coisa mais importante que o uso das ondas Delta fornece, é o acesso à Vibração Pessoal para poder atingir a imagem absoluta de cada coisa. Na verdade, muitas vezes não se têm a imagem do que é necessário; por exemplo, alguém que está doente desde o nascimento, perdeu a imagem do seu ser em saúde, mesmo a imagem relativa.

E assim, aqueles que por muito tempo foram acostumados a pensar em querer coisas que podem ser boas para os outros, mas não para si mesmos, por muito tempo foram habituados a desejar os desejos dos outros, da publicidade, dos amigos, do vizinho de casa, dependendo do ambiente social em que vivem ... essas pessoas então perderam a imagem de suas necessidades, dos próprios desejos ... Por isso que antes de mais nada é necessário reencontrar a própria estrutura as próprias necessidades reais, e para limpar-se de convicções bloqueantes e crenças aprendida ou herdadas, das respostas automáticas ... Afinal, se chega pronto para fazer o Salto Quântico.

O instrumento que se tentou descrever, serve, conectando-se ao todo, a ter a imagem do que é estar em harmonia e portanto a criar o projeto para a nova vida. Quando se aprende a usar o Delta, é como se a vida passasse a um outro nível. E quando se chega a um outro nível tudo acontece instantaneamente, porque o indivíduo está em contato contínuo com a energia do Tudo e tudo está imediatamente à disposição de que pede.

"Peçam e tudo lhe será dado" disseram todos os grandes mestres no passado, porque Tudo está à disposição de todos: a saúde, o dinheiro, a doença, a joia, a felicidade, o luto a tristeza ....

Portanto é indispensável individualizar o que se pediu para si mesmos até agora na própria vida, o que se escolheu viver e o que se viveu. Então, a utilização do Delta fornecerá a maestria da própria vida ... Para fazer isto não serão necessários muitos anos de trabalho e de pesquisa, poderá se fazer cada coisa num espaço de tempo pequeno porque já está na ordem universal que cada indivíduo tenha bem estar em cada campo. O Universo tem para todos os seres humanos projetos muito mais importantes que aquele de ficar a decompor-se em problemas gerados por motivos insignificantes. O universo tem em seu grande plano no qual cada um está inserido, e este plano é a evolução da raça humana ... cada um tem uma tarefa bem especifica dentro deste plano, e tem livre arbítrio, portanto há em frente a si, possibilidades infinitas.

Portanto está na própria consciência escolher aquela que pensa ser a mais oportuna para si.

Lucia Dettori

Lucia Dettori

Arquiteto muito conhecido e sensível,
se dedica há muitos anos ao estudo e pesquisa no campo
espiritual, desenvolvendo um interesse primário pelos
temas da Evolução humana relacionadas às leis do
universo.

Através do estudo das ondas cerebrais chegou há muito
tempo a uma formulação da sua propria teoria baseada
nos princípios de física e mecânica quantística, teoria
resumida no libro O Delta, a lei das dimensões 2009;

Outras obras publicadas são:

Elena 2008;

A Cidade do Sonho 2010;

O Canto das Cartas 2013;

Os pergaminhos 2015;

Lucia Dettori

Indice

Lucia Dettori